제과 필기
기능사

빈출 문제 10회

이지선 저

다락원

머리말

최근 식탁에서 '주식(主食)'의 개념이 사라지고 있습니다. 매 끼니 주로 먹는 음식으로 우리 민족의 주식은 오랫동안 쌀이었습니다. 그러나 1950년대 이후 밀가루 원조와 분식 장려정책, 서구식 식생활의 유입으로 밀가루 음식이 확산되기 시작하였고 근래에 들어서는 맞벌이 부부와 1인가구의 증가로 간편한 음식을 선호하여 주식과 부식의 개념조차 모호해지고 있습니다. 밥과 반찬 대신 빵, 면, 과자, 디저트, 과일 등과 같은 식품이 바쁜 현대인들의 한끼 식사가 되면서 빵 또는 과자, 디저트 등도 간식을 넘어 식사 대용식으로 자리 잡고 있습니다. 이에 베이커리 시장이 성장한 것은 물론 커피와 함께 디저트 또는 빵을 함께 취급하는 카페도 늘어나 시장 규모가 4조원대에 이르고 있습니다. 이러한 경향은 제과 기술인이 되기 위하여 제과기능사 자격증을 취득하려는 사람들이 증가하고 있음을 나타냅니다.

본 교재는 케이크와 디저트, 과자류를 만드는 파티쉐가 되고자 하는 이들에게 과자류제품의 기초이자 필수인 제과기능사 자격증을 단시간 내 취득하도록 도움을 주기 위해 만들었습니다. 이론의 경우, 최근 제과 NCS를 기준으로 변경된 출제기준을 반영하여 능력단위별로 이론을 정리하였습니다. 또한 자칫 지루해질 수 있는 이론 부분은 간단하게 핵심만 서술하였으며 대신 지난 기출문제를 분석하여 재구성한 10회의 CBT 시험 문제와 구체적인 해설을 통해 수험생이 스스로 공부할 수 있도록 하였습니다.

이 교재가 제과를 시작하는 모든 수험생들에게 제과기능사 필기시험을 합격하는 데 밑거름이 되기를 기원하며 미래의 파티쉐가 되실 여러분을 항상 응원하겠습니다. 추후 매년 출제 경향을 분석하여 수정 보완하여 더 좋은 교재가 되도록 노력하겠습니다.

끝으로 이 책의 출간을 위해 애써주신 다락원 임직원 여러분과 종로호텔제과직업전문학교 학교장님 외 모든 교직원분들께 감사인사를 드립니다.

저자 이지선 드림

이 책에 대한 문의사항은
원큐패스 카페(**http://cafe.naver.com/1qpass**)로 하시면 친절히 대답해 드립니다.

시험안내

자격종목 제과기능사

제과기능사 **필기**	합격 ➡	제과기능사 **실기**	합격 ➡	제과기능사 **자격증 취득**

※ 필기합격은 2년 동안 유효합니다.
※ 제빵기능사와의 필기시험 상호면제는 불가합니다.

응시방법 **한국산업인력공단 홈페이지**

회원가입 → 원서접수 신청 → 자격선택 → 종목선택 → 응시유형 → 추가입력 →
장소선택 → 결제하기

시험일정 **상시시험**

자세한 일정은 Q-net(http://q-net.or.kr)에서 확인

검정방법 **객관식 4지 택일형, 60문항**

시험시간 **1시간(60분)**

합격기준 **100점 만점에 60점 이상**

합격발표 **CBT 시험으로 시험 후 바로 확인**

출제기준

1	재료준비	재료 준비 및 계량	배합표 작성 및 점검, 재료 준비 및 계량 방법, 재료의 성분 및 특징, 기초재료과학, 재료의 영양학적 특성
2	과자류제품 제조	반죽 및 반죽 관리	반죽법의 종류 및 특징, 반죽의 결과 온도, 반죽의 비중
		충전물·토핑물 제조	재료의 특성 및 전처리, 충전물·토핑물 제조 방법 및 특징
		팬닝	분할 팬닝 방법
		성형	제품별 성형 방법 및 특징
		반죽 익히기	반죽 익히기 방법의 종류 및 특징, 익히기 중 성분 변화의 특징
3	제품 저장관리	제품의 냉각 및 포장	제품의 냉각방법 및 특징, 포장재별 특성, 불량제품 관리
		제품의 저장 및 유통	저장방법의 종류 및 특징, 제품의 유통·보관방법, 제품의 저장·유통 중의 변질 및 오염원 관리방법
4	위생안전관리	식품위생 관련 법규 및 규정	식품위생법 관련 법규, HACCP 등의 개념 및 의의, 공정별 위해요소 파악 및 예방, 식품첨가물
		개인위생관리	개인위생관리, 식중독의 종류, 특성 및 예방방법, 감염병의 종류, 특징 및 예방방법
		환경위생관리	작업환경 위생관리, 소독제, 미생물의 종류와 특징 및 예방방법, 방충·방서 관리
		공정 점검 및 관리	공정의 이해 및 관리, 설비 및 기기

시험과목 및 활용 국가직무능력표준(NCS)

국가기술자격의 현장성과 활용성 제고를 위해 국가직무능력표준(NCS)를 기반으로 자격의 내용 (시험과목, 출제기준 등)을 직무 중심으로 개편하여 시행합니다(적용시기 2020.1.1.부터).

과목명	과자류 재료, 제조 및 위생관리
활용 NCS 능력단위	과자류제품 재료혼합, 과자류제품 반죽정형, 과자류제품 반죽익힘, 과자류제품 포장, 과자류제품 저장유통, 과자류제품 위생안전관리, 과자류제품 생산작업준비

이 책의 구성

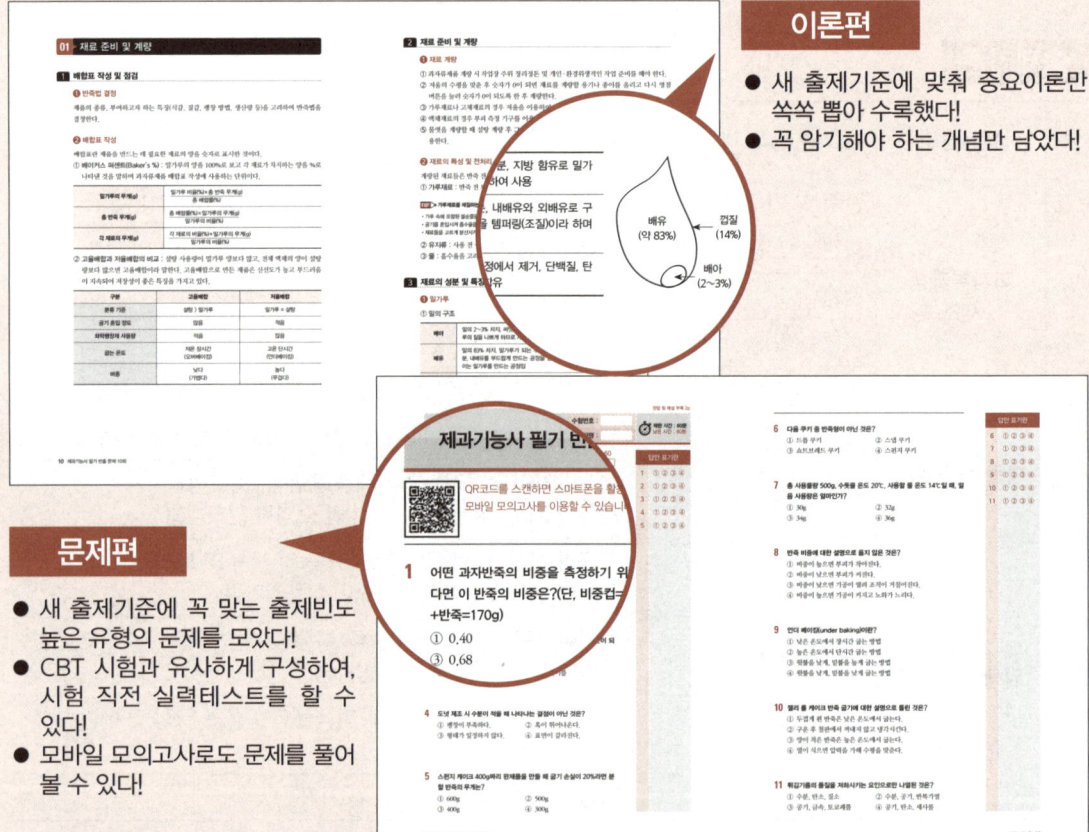

이론편

● 새 출제기준에 맞춰 중요이론만 쏙쏙 뽑아 수록했다!
● 꼭 암기해야 하는 개념만 담았다!

문제편

● 새 출제기준에 꼭 맞는 출제빈도 높은 유형의 문제를 모았다!
● CBT 시험과 유사하게 구성하여, 시험 직전 실력테스트를 할 수 있다!
● 모바일 모의고사로도 문제를 풀어 볼 수 있다!

부록편

● 문제와 정답을 분리하여 수험자의 실력을 정확하게 체크할 수 있다!
● 이론에 없는 내용은 별표하여 해설을 통해 한 번 더 학습할 수 있다!

이 책의
활용법

STEP 1

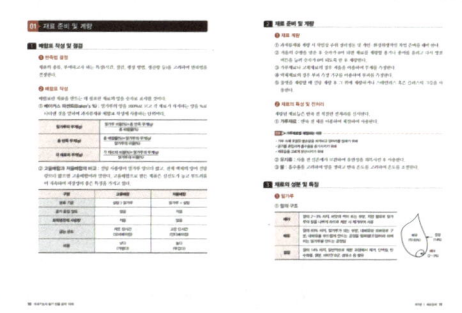

기본 개념 다지기

핵심 이론을 정독하여 꼭 암기해야 하는
개념을 정리한다.

STEP 2

실제 시험 유형 익히기

새 출제기준에 꼭 맞는 출제빈도 높은 문
제를 반복해서 풀어본다!

STEP 3

오답체크하기

본 책의 문제를 모두 푼 후 정답과 해설을
확인한다. 틀린 문제를 확인하고 정답과
해설을 외우자.

차례

제1편

재료준비

01 재료 준비 및 계량

1 배합표 작성 및 점검

❶ 반죽법 결정

제품의 종류, 부여하고자 하는 특징(식감, 질감, 팽창 방법, 생산량 등)을 고려하여 반죽법을 결정한다.

❷ 배합표 작성

배합표란 제품을 만드는 데 필요한 재료의 양을 숫자로 표시한 것이다.

① 베이커스 퍼센트(Baker's %) : 밀가루의 양을 100%로 보고 각 재료가 차지하는 양을 %로 나타낸 것을 말하며 과자류제품 배합표 작성에 사용하는 단위이다.

밀가루의 무게(g)	$\dfrac{\text{밀가루 비율(\%)} \times \text{총 반죽 무게(g)}}{\text{총 배합률(\%)}}$
총 반죽 무게(g)	$\dfrac{\text{총 배합률(\%)} \times \text{밀가루의 무게(g)}}{\text{밀가루의 비율(\%)}}$
각 재료의 무게(g)	$\dfrac{\text{각 재료의 비율(\%)} \times \text{밀가루의 무게(g)}}{\text{밀가루의 비율(\%)}}$

② 고율배합과 저율배합의 비교 : 설탕 사용량이 밀가루 양보다 많고, 전체 액체의 양이 설탕량보다 많으면 고율배합이라 말한다. 고율배합으로 만든 제품은 신선도가 높고 부드러움이 지속되어 저장성이 좋은 특징을 가지고 있다.

구분	고율배합	저율배합
분류 기준	설탕 〉 밀가루	밀가루 = 설탕
공기 혼입 정도	많음	적음
화학팽창제 사용량	적음	많음
굽는 온도	저온 장시간 (오버베이킹)	고온 단시간 (언더베이킹)
비중	낮다 (가볍다)	높다 (무겁다)

2 재료 준비 및 계량

❶ 재료 계량

① 과자류제품 계량 시 작업장 주위 정리정돈 및 개인·환경위생적인 작업 준비를 해야 한다.
② 저울의 수평을 맞춘 후 숫자가 0이 되면 재료를 계량할 용기나 종이를 올리고 다시 영점 버튼을 눌러 숫자가 0이 되도록 한 후 계량한다.
③ 가루재료나 고체재료의 경우 저울을 이용하여 무게를 측정한다.
④ 액체재료의 경우 부피 측정 기구를 이용하여 부피를 측정한다.
⑤ 물엿을 계량할 때 설탕 계량 후 그 위에 계량하거나 스테인리스 혹은 플라스틱 그릇을 사용한다.

❷ 재료의 특성 및 전처리

계량된 재료들은 반죽 전 적절한 전처리를 실시한다.
① 가루재료 : 반죽 전 체를 이용하여 체질하여 사용한다.

> **TIP▶ 가루재료를 체질하는 이유**
>
> • 가루 속에 포함된 불순물을 제거하고 덩어리를 없애기 위해
> • 공기를 혼입시켜 흡수율을 증가시키기 위해
> • 재료들을 고르게 분산시키기 위해

② 유지류 : 사용 전 실온에서 보관하여 유연성을 회복시킨 후 사용한다.
③ 물 : 흡수율을 고려하여 양을 정하고 반죽 온도를 고려하여 온도를 조절한다.

3 재료의 성분 및 특징

❶ 밀가루

① 밀의 구조

배아	밀의 2~3% 차지, 씨앗의 싹이 트는 부분, 지방 함유로 밀가루의 질을 나쁘게 하므로 제분 시 제거하여 사용
배유	밀의 83% 차지, 밀가루가 되는 부분, 내배유와 외배유로 구분, 내배유를 부드럽게 만드는 공정을 템퍼링(조질)이라 하며 이는 밀가루를 만드는 공정임
껍질	밀의 14% 차지, 일반적으로 제분 과정에서 제거, 단백질, 탄수화물, 철분, 비타민 B군, 섬유소 등 함유

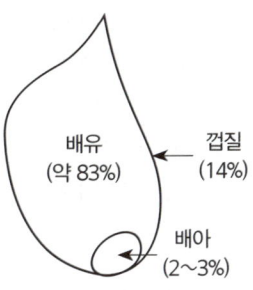

② 밀가루의 분류

제품 유형	단백질 함량(%)	용도	제분한 밀의 종류
강력분	11~13	제빵용	경질춘맥, 초자질
중력분	9~10	우동, 면류	연질동맥, 중자질
박력분	7~9	제과용	연질동맥, 분상질
듀럼분	11~12	스파게티, 마카로니	듀럼분, 초자질

③ 밀가루의 성분

단백질	• 밀가루로 빵을 만들 때 품질을 좌우하는 가장 중요한 지표 • 글리아딘과 글루테닌이 물과 결합하여 글루텐을 만듦
탄수화물	• 밀가루 함량의 70% 차지 • 대부분 전분, 나머지는 덱스트린, 셀룰로오스, 당류, 펜토산 등
지방	• 밀가루 함량의 1~2% 차지, 약 70%는 유리지방
회분	• 무기질로 구성, 껍질에 많음 • 함유량에 따라 정제 정도를 알 수 있음 • 껍질 부위(밀기울)가 적을수록 밀가루의 회분 함량이 낮아짐
수분	• 밀가루의 수분 함량 10~14% • 밀가루의 수분 함량 1%가 감소할 때 반죽의 흡수율은 1.3~1.6% 증가
효소	• 제빵에 중요한 영향을 미침 • 전분을 분해하는 아밀라아제, 단백질을 분해하는 프로테아제

TIP ▷ 글리아딘과 글루테닌

• 글리아딘 : 반죽의 신장성과 점성과 관계가 있으며 70% 알코올에서 용해된다.
• 글루테닌 : 탄력성과 관계가 있으며 묽은 산과 알칼리에 용해된다.

TIP ▷ 밀가루의 등급

• 회분 함량에 따라 분류
• 박력분 : 회분 0.4%

❷ 달걀

① 구성 비율

껍질 : 노른자 : 흰자 = 10% : 30% : 60%

② 부위별 성분

흰자	수분과 단백질로 이루어져 있으며 오브알부민이 단백질 중 53% 정도를 차지
노른자	고형질의 70%를 차지하는 지방은 트리글리세리드, 인지질, 콜레스테롤, 카로틴, 비타민 등, 인지질 중 약 80%를 차지하는 레시틴은 천연유화제로 사용

③ 달걀 구성

부위명	전란	노른자	흰자
고형분	25%	50%	12%
수분	75%	50%	88%

④ 달걀의 기능

농후화제	단백질이 열에 의해 응고되어 유동성이 줄고 형태를 지탱할 구성체를 이룸 예 커스터드 크림, 푸딩 등
결합제	달걀의 점성과 단백질의 응고성을 이용 예 크로켓, 만두속 등
유화제	노른자에 들어있는 레시틴은 기름과 수용액을 혼합시킬 때 유화제 역할 예 마요네즈, 케이크, 아이스크림 등
팽창제	흰자의 단백질은 표면 활성으로 기포를 형성 예 스펀지 케이크, 엔젤 푸드 케이크 등

⑤ 달걀의 신선도 측정
- 햇빛을 통해 봤을 때 속이 맑게 보인다.
- 달걀껍질 표면에 광택이 없고 선명하다.
- 흔들었을 때 소리가 없다.
- 6~10%의 소금물에 넣으면 가라앉는다.

❸ 유지류

① 유지의 기능

쇼트닝성	연화기능	밀가루의 글루텐 형성 방해, 과자류에는 바삭거리는 식감을 줌
	윤활기능	믹싱 중 얇은 막 형성, 전분과 단백질이 단단해지는 것을 방지, 구워진 제품이 점착되는 것 방지
	팽창기능	믹싱 중 공기 포집, 굽기 과정을 통해 팽창하면서 적정한 부피와 조직을 만듦
	유화기능	유지가 수분을 흡수하여 보유하는 능력, 유지와 액체재료를 분리되지 않고 잘 섞이도록 함
크림성		믹싱 중 공기를 포집하여 크림이 되는 것, 반죽이 부드러워지고 부피가 커짐, 크림성이 중요한 제품은 파운드 케이크와 레이어 케이크 등
안정성		지방의 산화와 산패를 억제하는 성질, 유지가 많이 들어가는 건과자와 튀김 제품 등에 필요
가소성		상온에서 고체 형태를 유지하는 성질, 빵 반죽의 신장성을 좋게 함, 잘 밀어펴지게 해줌, 가소성을 이용한 제품은 파이류, 페이스트리류 등

② 유지 제품의 종류

버터	• 유중수적형(W/O) • 우유의 유지방으로 제조 • 지방 80%, 수분 18% 이하, 소금 0~3% 등 • 융점 낮고 크림성 부족 • 가소성 범위가 좁음
마가린	• 버터의 대용품으로 개발 • 주로 식물성 유지로 만듦 • 쇼트닝에 비해 융점 낮고 가소성 적음
쇼트닝	• 라드(돼지기름) 대용품으로 개발 • 무색, 무미, 무취 • 수분량 0% • 공기포집능력을 가져 케이크 반죽의 유동성, 기공과 조직, 부피, 저장성을 개선 • 빵류에는 부드러움을 주고 과자류에는 바삭한 식감을 줌
튀김기름	• 100%의 액체유지로 구성 • 수분량 0% • 발연현상 : 튀김 온도 185~195℃, 유리지방산 0.1% 이상 • 도넛 튀김용 유지는 발연점이 높은 면실유가 적당 • 튀김기름을 고온으로 계속 가열하거나 반복하여 사용하면 유리지방산이 많아져 발연점이 낮아짐

TIP ▶ **유중수적형(W/O)과 수중유적형(O/W)**

• 유중수적형 : 기름 속에 물이 잔 입자 모양으로 분산 **예** 버터, 마가린, 쇼트닝
• 수중유적형 : 물 속에 기름이 잔 입자 모양으로 분산 **예** 마요네즈, 우유, 아이스크림

TIP ▶ **발연점**

유지를 가열할 때 표면에서 푸른 연기가 발생할 때의 온도

TIP ▶ **튀김기름의 4대적**

온도(열), 수분, 공기(산소), 이물질

TIP ▶ **항산화제**

유지의 산화를 방지하기 위해 사용되는 것으로 비타민 E(토코페롤), 질소, 세사몰 등

❹ 유제품

① 우유

- 신선한 우유의 pH는 6.5~6.8이고 비중은 평균 1.030 전후이다.
- 수분 88%, 고형물 12%로 이루어져 있다.
- 유단백질의 구성

유단백질	비율	응고
카제인	80%	산, 레닌(효소)에 의해
락토알부민, 락토글로불린	20%	열에 의해

TIP ▷ 우유의 살균법

- 저온장시간 : 60~65℃, 30분간 가열
- 고온단시간 : 71.7℃, 15초간 가열
- 초고온순간 : 130~150℃, 3초 가열

② 유제품의 종류

시유		• 음용을 위해 가공된 액상우유 • 시장에서 판매되는 우유
농축우유		• 우유의 수분 함량을 감소시켜 고형질의 함량을 높인 것
	크림	• 우유를 교반시키면 비중의 차이로 지방입자가 뭉쳐지는 것을 농축시켜 만든 것
	연유	• 가당 연유 : 우유에 40%의 설탕을 첨가하여 1/3 부피로 농축시킨 것 • 무당 연유 : 우유 그대로 1/3 부피로 농축시킨 것
분유		• 우유의 수분을 제거하여 분말상태로 만든 것
	전지분유	• 우유의 수분만 제거하여 분말로 만든 것
	탈지분유	• 우유의 수분과 유지방을 제거하여 분말상태로 만든 것
유장(유청)		• 우유에서 유지방과 카제인을 분리하고 남은 액체제품 • 주성분은 유당이고 락토알부민, 락토글로불린, 칼슘 함유
요구르트		• 우유나 그 밖의 유즙에 젖산균을 넣어 카제인을 응고시킨 후 발효, 숙성하여 만듦
치즈		• 우유나 그 밖의 유즙에 레닌을 넣어 카제인을 응고시킨 후 발효, 숙성하여 만듦

③ 유제품의 기능

- 우유 단백질에 의해 믹싱내구력을 향상시킨다.
- 껍질색을 강하게 한다.
- 수분 보유력이 있어 노화를 지연시킨다.
- 영양과 맛을 향상시킨다.
- 이스트에 의해 생성된 향을 착향시킨다.

❺ 팽창제

팽창제는 반죽을 부풀게 하고 부드러운 조직을 부여해준다.

① 베이킹파우더
- 소다(탄산수소나트륨)·중조가 기본이 되고 산을 첨가하여 중화가를 맞춰 놓은 것이다.
- 과량의 산은 과자 반죽의 pH를 낮게 만들고 과량의 중조는 과자 반죽의 pH를 높게 만든다.
- 베이킹파우더의 팽창력은 이산화탄소에 의한 것이다.
- 케이크나 쿠키를 만들 때 사용된다.

TIP ▷ 베이킹파우더 사용량이 과다할 경우
- 밀도가 낮고 부피가 크다.
- 기공과 조직이 조밀하지 못해 속결이 거칠다.
- 속 색이 어둡다.
- 오븐 스프링이 커서 찌그러지거나 주저앉기 쉽다.

② 중조(탄산수소나트륨)
- 베이킹파우더의 주성분이다.
- 베이킹파우더 형태로 사용하거나 단독으로 사용한다.
- 과다사용 시 제품의 색상이 어두워지고 소다맛이 난다.

③ 암모늄염
- 물이 있으면 단독으로 작용하여 산성 산화물과 암모니아가스를 발생시킨다.
- 밀가루 단백질을 부드럽게 하는 효과를 낸다.

❻ 물

① 물의 기능
- 반죽의 온도를 조절한다.
- 재료를 분산시켜 효모와 효소의 활성을 제공한다.

② 물의 경도에 따른 분류

경수	• 180ppm 이상 • 센물이라고도 함 • 광천수, 바닷물, 온천수 해당 • 반죽에 사용 시 장점 : 빵 반죽의 경우 탄력성이 강해짐 • 반죽에 사용 시 단점 : 글루텐을 강화시켜 반죽이 질겨지고, 발효 시간이 오래 걸림
연수	• 60ppm 이하 • 단물이라고 함 • 빗물, 증류수 해당 • 반죽에 사용 시 단점 : 글루텐 약화, 반죽이 연하고 끈적거림 • 반죽에 사용 시 장점 : 발효 속도 빠름

아연수	• 61~120ppm 미만 • 부드러운 물에 가깝다는 의미
아경수	• 120~180ppm 미만 • 빵류제품에 가장 적합 : 반죽의 글루텐을 경화시킴, 이스트에 영양물질 제공

TIP ▷ ppm

1ppm = 0.0001%(백만분율)

③ 자유수와 결합수

자유수	• 분자와의 결합이 약해서 쉽게 이동 가능한 물 • 식품 중에 존재 • 미생물에 이용되며 용매로 작용 • 0℃ 이하에서 동결 • 100℃에서 증발
결합수	• 토양이나 생체 속 등에서 강하게 결합되어서 쉽게 제거할 수 없는 물 • 미생물 번식과 용매로 작용하지 못함 • 식품 중 고분자 물질과 강하게 결합하여 존재 • −20℃에서도 잘 얼지 않으며 100℃에서 증발되지 않음

❼ 감미제

과자류에서 빼놓을 수 없는 기본 재료 중 하나로 단맛을 제공하며 영양소 공급, 안정제 역할 등을 한다.

① 설탕

정제당		불순물을 제거한 사탕수수 즙에서 당밀을 분리하여 만든 설탕을 말하며 여러 가지 형태로 가공하여 황설탕, 분당, 액당 등으로 만들어짐
	황설탕	백설탕에 정제 과정을 몇 번 더 거쳐 열이 가해져 황갈색을 띠게 되는 설탕을 말하며 약과나 캐러멜 색소 원료로 사용됨
	분당	설탕을 미세분말 상태로 만든 후 덩어리가 생기는 것을 막기 위해 3%의 옥수수 전분을 혼합하여 만든 것으로 쿠키의 아이싱, 데코레이션에 사용함
	액당	액상당이라고도 하며 자당 또는 전화당이 물에 녹아있는 시럽을 말함
	전화당	설탕을 묽은 산 또는 효소로 가수분해하여 얻은 포도당과 과당의 혼합물로 쿠키의 광택과 촉감을 위해 사용하고 흡습성이 강해 제품의 보존기간을 지속시킬 수 있음

② 포도당 : 전분을 가수분해하여 만든 전분당으로 단당류에 속한다. 공식 명칭은 글루코스(glucose)이다. 글루코스는 세포에서 에너지를 얻기 위해 가장 먼저 활용되는 물질로 발효를 촉진시킨다.

③ 물엿 : 전분을 산 또는 효소를 이용하여 부분적 가수분해하여 만들어진 점조성 감미물질을 말한다. 점성과 보습성이 뛰어나 제품의 조직을 부드럽게 할 목적으로 많이 사용된다.

④ 당밀 : 담황색의 투명하고 점조한 당액을 말하며 과자류의 엔젤 푸드 케이크를 만들 때 주로 사용된다.
⑤ 유당 : 동물성 당류로 단세포 생물인 이스트에 의해 발효되지 않고 갈변반응을 일으켜 껍질색을 진하게 한다.

TIP▷ 전분당

• 전분을 원료로 하는 감미료
• 포도당, 물엿, 엿, 식혜, 이성화당 등

❽ 안정제(겔화제, 농후화제)

물과 기름, 기포 등의 불완전한 상태를 안정된 구조로 바꿔주는 역할을 한다.
① 안정제의 사용 목적
  • 흡수제로 노화를 지연시킨다.
  • 아이싱이 부서지는 것을 방지한다.
  • 크림 토핑의 거품을 안정시키는 것으로 쓰인다.
② 안정제의 종류

한천	우뭇가사리에서 추출하며 젤리나 양갱 등에 쓰이며 끓는 물에만 용해됨
젤라틴	동물의 껍질과 연골 속에 있는 콜라겐에서 추출하며 무스나 바바루아의 안정제로 쓰임
펙틴	과일의 껍질에서 추출하며 젤리나 잼을 만들 때 쓰임
씨엠씨(CMC)	식물의 뿌리에 있는 셀룰로오스로 냉수에 쉽게 팽윤됨

❾ 향신료

고대 이집트, 중동 등에서 방부제나 의약품의 목적으로 사용되었던 것이 식품으로 이용된 것이다.
① 향신료의 사용 목적
  • 맛과 향을 부여하여 식욕을 증진시킨다.
  • 육류나 생선의 냄새를 제거하거나 완화시킨다.
  • 주재료와 어울려 풍미를 향상시키고 보존성을 높여준다.
② 과자류제품에서 사용하는 향신료의 종류

넛메그	육두구과 교목의 열매를 일광 건조시켜 넛메그와 메이스를 얻음
계피	녹과무과의 상록수인 계수나무의 껍질로 만듦
정향	정향나무의 열매를 말린 것으로 단맛이 강한 크림소스에 사용
생강	열대성 다년초의 다육질 뿌리로 매운맛과 특유의 방향을 가지고 있음
오레가노	꿀풀과에 속하는 다년생 식품의 잎을 건조시킨 향신료

⑩ 주류

달걀, 우유, 생크림, 버터, 마가린 등의 바람직하지 못한 냄새와 맛을 없애거나, 풍미와 향을 내기 위해 사용한다.

양조주	곡물이나 과일을 원료로 하여 효모로 발효, 알코올 농도가 낮음	
증류주	발효시킨 양조주를 증류한 것으로 럼주 등이 있으며 알코올 농도가 높음	
혼성주 (리큐르)	증류수를 기본으로 하여 정제당을 넣고 과일 등의 추출물로 향미를 낸 것, 알코올 농도가 높음	
	오렌지 리큐르	그랑 마니에르, 쿠앵트로, 큐라소, 트리플 섹
	체리 리큐르	마라스키노
	커피 리큐르	칼루아

⑪ 초콜릿

① 구성 성분 : 코코아 62.5%, 카카오버터 37.5%, 유화제 0.2~0.8%
② 초콜릿의 종류

다크초콜릿	• 과자류에서 가장 많이 쓰이는 초콜릿 • 카카오매스에 카카오버터, 설탕, 유화제, 바닐라향 등 섞어 제조 • 카카오버터 15~35% 이상 함유 • 강한 향
밀크초콜릿	• 다크초콜릿에 우유의 고형분을 더한 것 • 가장 부드러운 맛 • 우유 15~25%, 카카오버터 7~17% 함유
화이트초콜릿	• 카카오버터에 설탕, 분유, 레시틴, 향을 넣어 제조한 것 • 카카오버터 함유량 20% 이상

③ 초콜릿 템퍼링 : 초콜릿을 사용하기 전 카카오버터를 ß형의 미세한 결정으로 만들어 매끈한 광택의 초콜릿을 만든다.

템퍼링한 효과	• 광택 좋음, 내부 조직 조밀 • 입 안에서 용해성이 좋아짐 • 안정, 미세한 결정이 많음, 결정형 일정 • 팻 블룸(fat bloom)이 일어나지 않음

TIP ▷ 카카오매스와 코코아

• 카카오매스 : 카카오콩의 배유부를 마쇄하면서 가열하면 페이스트 상태가 되는 것
• 코코아 : 카카오매스를 압착하여 카카오버터와 카카오박으로 분리하는데 여기서 나온 카카오박을 고운 분말로 만든 것

TIP ▷ 블룸(bloom) 현상

• 지방블룸(팻 블룸) : 지방이 분리되었다가 굳어지면서 얼룩이 생기는 현상
• 설탕블룸(슈가 블룸) : 습도가 높은 곳에 초콜릿을 보관할 때 초콜릿 중 설탕이 공기 중의 수분을 흡수해 녹았다가 재결정이 되어 표면에 하얗게 피는 현상

TIP ▷ 초콜릿 적정 보관 온도와 습도

• 온도 : 15~18℃
• 습도 : 40~50%

4 기초재료과학

❶ 탄수화물(당질)의 재료적 이해

탄소(C), 수소(H), 산소(O) 3원소로 구성된 유기화합물

① 탄수화물의 분류와 특성

단당류 (더 이상 가수분해되지 않는 당)	포도당 (glucose-글루코오스)	• 두뇌, 신경세포, 적혈구의 에너지원 • 체내 당 대사의 중심물질 • 혈액에 있는 포도당 : 혈당
	과당 (fructose-프룩토오스)	• 과즙, 벌꿀 등에 유리형으로 많이 존재 • 당뇨병 환자 감미료로 사용
	갈락토오스 (galactose)	• 포도당과 결합하여 유당을 구성 • 지방과 결합하여 뇌, 신경 조직의 성분이 됨 • 단맛이 가장 약함
이당류 (두 개의 당으로 구성)	유당 (lactose-젖당)	• 포도당 + 갈락토오스 • 포유동물의 젖에 많이 포함되어 젖당이라고도 함 • 유당의 분해효소 : 락타아제 • 잡균의 번식을 막아 정장작용을 함 • 유산균에 의해 분해되어 유산 생성
	자당 (sucrose-설탕)	• 포도당 + 과당 • 당류의 단맛의 기준
	맥아당 (maltose-엿당)	• 포도당 + 포도당 • 맥아에 함유되어 있고 전분을 가수분해하는 효소인 아밀라아제에 의해 생성
	전화당	• 자당이 가수분해 될 때 생기는 중간산물 • 포도당과 과당이 1:1로 혼합된 당
다당류 (다수의 단당류로 구성)	단순다당류	• 단당류로만 구성된 다당류 • 전분, 글리코겐, 섬유소, 이눌린 등
	복합다당류	• 단당류 이외에 지방질이나 단백질 등의 성분이 복합되어 있는 다당류 • 펙틴, 키틴 등

② 감미도(자당의 감미도 100을 기준)

과당(175) 〉 전화당(130) 〉 자당(100) 〉 포도당(75) 〉 맥아당(32) = 갈락토오스(32) 〉 유당(10)

❷ 지방(지질)의 재료적 이해

탄소(C), 수소(H), 산소(O) 3원소로 구성된 유기화합물로 3분자의 지방산과 1분자의 글리세린이 에스테르 결합으로 만들어진 트리글리세리드

① 지방의 분류와 특성

단순지질	–	• 지방산과 글리세린의 에스테르 결합 • 동물성 유지(라이드, 버터 등), 식물성 유지(식용유 등), 왁스 등
복합지질	인지질	• 지질 + 인산 • 레시틴 : 뇌신경, 대두, 달걀노른자, 간 등에 존재, 지질 대사에 관여, 유화제 역할
	당지질	• 지질 + 당 • 뇌, 신경조직 등에 존재 • 세레브로시드 : 세포막의 구성 성분
	지단백질	• 지질 + 단백질 • 수용성으로 혈액 내에서 지방 운반
유도지질	에르고스테롤	• 맥각, 곰팡이, 효모, 버섯 등에 많이 함유되어 있는 식물성 스테롤 • 자외선에 의해 비타민 D_2가 되어 비타민 D_2의 전구체 역할
	콜레스테롤	• 뇌, 신경조직, 혈액 등에 들어있는 동물성 스테롤 • 간과 장벽, 부신 등 체내에서도 합성 • 자외선에 의해 비타민 D_3가 됨 • 식물성 기름과 함께 섭취하는 것이 좋음
	글리세린	• 지방산과 함께 지방을 구성하며 일명 글리세롤 • 흡습성, 안전성, 용매, 유화제 작용
	지방산	• 글리세린과 결합하여 지방을 구성

② 포화지방산과 불포화지방산

이중결합의 수에 따라 포화지방산과 불포화지방산으로 나뉜다.

포화지방산	• 주로 동물성 유지(소기름, 돼지기름, 버터 등)에 많이 함유 • 산화되기 어렵고 융점이 높아 상온에서 고체 상태로 존재 • 이중결합 없음 • 종류 : 뷰티르산, 카프르산, 마리스트산, 스테아르산, 팔미트산 등
불포화지방산	• 주로 식물성 유지(면실유, 대두유, 올리브유, 해바라기씨유 등)에 많이 함유 • 산화되기 쉽고 융점이 낮아 상온에서 액체 상태로 존재 • 이중결합 있음 • 이중결합이 많을수록 불포화도가 높아지고 불포화도가 높을수록 산패되기 쉬움 • 고도불포화지방산 : 아라키돈산, EPA, DHA 등 • 성인병 예방 효과 • 종류 : 올레산, 리놀레산, 리놀렌산, 아라키돈산 등

TIP ▷ **코코넛 기름**

식물성이지만 90% 포화지방산을 함유하고 있다.

③ 필수지방산

- 체내에서 합성되지 않아 음식물에서 섭취해야 하는 지방산이다.
- 종류 : 리놀레산, 리놀렌산, 아라키돈산 등
- 기능 : 세포막 구조적 성분, 혈청 콜레스테롤 감소, 뇌와 신경조직, 시각기능 유지
- 대두유에는 리놀레산과 리놀렌산이 많이 들어 있어 노인이 섭취하면 좋다.
- 들기름에는 리놀렌산이 많이 들어 있어 두뇌성장과 시각기능을 증진시킨다.

❸ 단백질의 재료적 이해

탄소(C), 수소(H), 산소(O), 질소(N), 황(S), 인(P) 등으로 구성된 유기화합물로 질소가 단백질의 특성을 규정짓는다.

① 단백질의 분류

단순 단백질 (가수분해에 의해 아미노산만 생성)	알부민	• 물과 묽은 염류에 녹음 • 열과 강한 알코올에 응고
	글로불린	• 물에는 녹지 않으나 열과 강한 알코올에 응고
	글루텔린	• 중성 용매에는 녹지 않으나 묽은 산, 알칼리에는 녹음 • 밀의 글루테닌에 해당
	프롤라민	• 70~80%의 알코올에 용해 • 밀의 글리아딘, 옥수수의 제인, 보리의 호르데인이 해당
복합 단백질 (단순단백질에 다른 물질 결합)	핵단백질	• 세포의 활동을 지배하는 세포핵을 구성하는 단백질
	당단백질	• 복잡한 탄수화합물과 단백질이 결합한 화합물
	인단백질	• 단백질이 유기인과 결합한 화합물 • 우유의 카제인, 노른자의 오보비텔린
	색소단백질	• 발색단을 가지고 있는 단백질 화합물 • 헤모글로빈, 엽록소
	금속단백질	• 철, 구리, 아연, 망간 등과 결합한 단백질
유도 단백질	–	• 효소나 산, 알칼리, 열 등 적절한 작용제에 의한 분해로 얻어지는 단백질의 제1차, 제2차 분해산물 • 메타단백질, 프로테오스, 펩톤, 폴리펩티드, 펩티드

❹ 효소의 재료적 이해

단백질로 구성된 효소는 생물체 속에서 일어나는 유기화학 반응의 촉매역할을 한다.

① 탄수화물 분해효소

이당류 분해효소	인버타아제 (수크라아제)	• 설탕을 포도당과 과당으로 분해하여 이스트에 존재 • 소장에서 분비
	말타아제	• 장에서 분비 • 맥아당을 포도당 2분자로 분해하여 이스트에 존재
	락타아제	• 소장에서 분비 • 유당을 포도당과 갈락토오스로 분해
다당류 분해효소	아밀라아제 (디아스타아제)	• 전분 분해효소 • 전분을 덱스트린 단위로 잘라 액화시킴 → 알파 아밀라아제(액화효소) • 잘려진 전분을 맥아당 단위로 자름 → 베타 아밀라아제(당화효소)
	셀룰라아제	• 섬유소를 포도당으로 분해
	이눌라아제	• 이눌린을 과당으로 분해 • 뿌리식물에 존재
산화효소	치마아제	• 단당류를 에틸알코올과 이산화탄소로 산화 • 제빵용 이스트에 존재
	퍼옥시다아제	• 대두에 존재 • 카로틴계의 황색 색소를 무색으로 산화

② 지방 분해효소

리파아제	• 지방을 지방산과 글리세린으로 분해
스테압신	• 췌장에 존재하며 지방을 지방산과 글리세린으로 분해

③ 단백질 분해효소

프로테아제	• 단백질을 펩톤, 폴리펩티드, 펩티드, 아미노산으로 분해
펩신	• 위액에 존재하는 단백질 분해효소
트립신	• 췌액에 존재하는 단백질 분해효소
레닌	• 위액에 존재하는 단백질 응고효소
펩티다아제	• 췌장에 존재하는 단백질 분해효소
에렙신	• 장액에 존재하는 단백질 분해효소

TIP ▷ 식물성 단백질 분해효소 ─────────────

• 파인애플 : 브로멜린
• 파파야 : 파파인
• 무화과 : 피신
• 배 : 프로테아제

5 재료의 영양학적 특성

❶ 체내 기능에 따른 영양소의 분류

① 영양 : 우리가 외부로부터 영양소를 섭취하고 신진대사에 의하여 신체를 유지하며 생활현상을 계속하는 전반의 관계를 말하는 것이다. 세계보건기구(WHO, World Health Organization)는 영양을 "생명체가 생명의 유지·성장·발육을 위하여 필요한 에너지와 몸을 구성하는 성분을 음식물을 통하여 섭취 및 소화, 흡수, 배설 등의 생리적 기능을 하는 과정이다." 라고 정의하였다.

② 영양소 : 생명체가 영양을 유지할 수 있도록 하는 식품에 들어있는 양분의 요소를 말한다.

❷ 탄수화물(당질)의 영양적 이해

탄소(C), 수소(H), 산소(O)로 구성되어 있으며 1일 적정 섭취량은 1일 총열량의 55~70%이다.

기능	• 1g당 4kcal의 에너지 공급원 • 간에서 지방합성과 지방대사 조절 • 탄수화물 부족 시 지방과 단백질이 에너지원으로 사용 • 식이섬유 : 장운동을 촉진시켜 변비 예방 • 중추신경 유지, 혈당량 유지 등
대사와 영양	• 이당류와 다당류는 소화관 내에서 포도당으로 분해되어 소장에서 흡수 • 과잉 포도당 : 지방으로 전환 • 여분의 포도당 : 호르몬 인슐린에 의해 간, 근육에 글리코겐 형태로 저장

❸ 지방(지질)의 영양적 이해

탄소(C), 수소(H), 산소(O)로 이루어진 유기 화합물로 3분자의 지방산과 1분자의 글리세롤의 에스테르 결합으로 구성되어 있으므로 이것을 산이나 알칼리 혹은 효소가 가수분해하면 글리세롤과 지방산으로 분해된다. 1일 적정 섭취량은 1일 총열량의 20%이다.

기능	• 1g당 9kcal의 에너지 발생 • 지용성 비타민(A, D, E, K)의 흡수와 운반 도움 • 장내 윤활제 역할(변비 예방) • 외부 충격으로부터 내장기관 보호 • 피하지방 : 체온 발산을 막아 체온 조절
대사와 영양	• 간에서 지방의 연소와 합성이 이뤄짐 • 사용 후 남은 지방 : 피하, 복강, 근육에 저장 • 과잉섭취 : 고지혈증, 동맥경화, 당뇨, 심장병, 비만 등

TIP ▷ 필수지방산(비타민 F)

• 리놀레산, 리놀렌산, 아라키돈산이 있다.
• 노인의 경우, 콩기름을 섭취하는 것이 좋다.

❹ 단백질의 영양적 이해

탄소(C), 수소(H), 산소(O), 질소(N), 황(S), 인(P) 등으로 이루어져 있으며 질소는 평균 16%를 포함하고 있다. 1일 적정 섭취량은 1일 총열량의 10~20%이다.

기능	• 1g당 4kcal 에너지 발생 • 체조직, 혈액 단백질, 효소, 호르몬 등 구성 • 삼투압을 높게 유지시켜 체내 수분 균형 조절 • 성장기에 더 많은 단백질이 요구됨 • 성장 후에도 분해와 합성을 반복하기 때문에 단백질의 공급 중요 • 필수아미노산인 트립토판으로부터 나이아신 합성
과잉과 결핍	• 섭취가 과잉될 경우 : 발열 효과인 특이동적 작용이 강해 체온과 혈압이 증가하며 피로가 쉽게 옴 • 섭취가 결핍될 경우 : 발육 장애, 부종, 피부염, 머리카락 변색, 저항력 감퇴, 간질환 등의 증세를 수반하는 콰시오카 혹은 마라스무스 같은 질병이 나타남

① 필수아미노산
  • 체내에서 합성되지 않으므로 반드시 음식물에서 섭취해야 한다.
  • 체조직의 구성과 성장 발육에 반드시 필요하다.
  • 동물성 단백질에 많이 함유되어 있다.
  • 성인에게는 이소루신, 류신, 리신, 메티오닌, 페닐알라닌, 트레오닌, 트립토판, 발린 등 8종류가 필요하다.
  • 어린이와 회복기 환자에게는 히스티딘을 합한 9종류가 필요하다.

TIP ▷ 제한아미노산

• 필수아미노산의 표준 필요량에 비해서 상대적으로 부족한 필수아미노산
• 옥수수 : 리신, 트립토판
• 쌀, 밀가루 : 리신, 트레오닌
• 두류, 채소류, 우유 : 메티오닌

TIP ▷ 단백질의 상호보조

• 부족한 제한아미노산을 서로 보완할 수 있는 두 가지
• 쌀과 콩, 빵과 우유, 시리얼과 우유

② 단백질의 영양가

단백질의 질소계수	질소는 단백질만 있는 원소로서 16% 함유되어 있으므로 식품의 질소 함유량을 알면 그 식품의 단백질 함유량을 알 수 있음	
	질소계수	$\dfrac{100}{16} = 6.25$
	단백질의 양	질소의 양 × 6.25
단백질 효율	단백질 1g 섭취에 대한 체중의 증가량을 나타낸 것으로 단백질의 질 측정	
	$\dfrac{\text{증가한 체중의 무게(g)}}{\text{섭취한 단백질의 무게(g)}}$	

단백가(%)	필수아미노산 비율이 이상적인 표준 단백질을 가정하여 이를 100으로 잡고 다른 단백질의 필수아미노산 함량을 비교하는 방법
	$\dfrac{\text{식품 중 필수아미노산 함량}}{\text{표준 단백질 필수아미노산 함량}} \times 100$
생물가(%)	인체 내의 단백질 이용 정도를 평가하는 방법으로 생물가가 높을수록 체내이용률이 높음
	$\dfrac{\text{체내에 보유된 질소량}}{\text{체내에 흡수된 질소량}} \times 100$

TIP

밀가루는 단백질 중 질소의 구성이 17.5%로 질소계수는 5.7이다.

③ 단백질 분해효소

펩틴	위액 속에 들어있는 효소
레닌	단백질 응고
트립신	췌장에서 분비
펩티다아제	췌장에서 펩티드를 아미노산으로 전환
프로테아제	단백질을 펩틴, 폴리펩티드, 아미노산으로 전환

❺ 무기질의 영양적 이해

무기질은 인체를 구성하는 유기물이 연소한 후에 남아있는 회분으로 인체의 4~5%가 무기질로 구성되어 있다.

① 구성영양소 역할

경조직(뼈, 치아)	Ca(칼슘), P(인)
연조직(근육, 신경)	S(황), P(인)
티록신(갑상선호르몬, 체내 기능 물질)	I(요오드)

② 조절영양소 역할

삼투압 조절	Na(나트륨), Cl(염소), K(칼륨)
혈액 응고	Ca(칼슘)
체액 중성 유지	Ca(칼슘), Na(나트륨), K(칼륨), Mg(마그네슘)
신경 안정	Na(나트륨), K(칼륨), Mg(마그네슘)
위액 샘조직 분비	Cl(염소)
장액 샘조직 분비	Na(나트륨)

TIP ▷ 칼슘의 기능

효소 활성화, 혈액 응고에 필수적, 근육수축, 신경흥분전도, 심장박동, 세포막을 통한 활성물질의 반출

TIP ▷ 무기질의 결핍증

• 요오드(I) : 갑상선종
• 철(Fe) : 빈혈
• 마그네슘(Mg) : 근육약화, 경련
• 염소(Cl) : 소화불량, 식욕부진
• 나트륨(Na) : 구토, 발한, 설사

❻ 비타민의 영양적 이해

비타민은 성장과 생명유지에 필수적인 물질로 대부분 조절제의 역할을 하며 그 자체가 열량소로는 작용하지 않는다.

영양학적 특징	• 탄수화물, 지방, 단백질 대사에 조효소 역할 • 반드시 음식물에서 섭취해야 함 • 신체 기능을 조절하는 조절영양소 • 에너지를 발생하거나 체조직을 구성하는 물질이 되지는 않음

① 수용성 비타민

비타민 B_1 (티아민)	• 탄수화물 대사에서 조효소로 작용 • 말초신경계의 기능에 관여 • 결핍증 : 각기병, 식욕감퇴, 피로, 혈압 저하, 체온 저하, 부종 등
비타민 B_2 (리보플라빈)	• 성장촉진 작용 • 피부, 점막 보호 • 결핍증 : 구순구각염, 설염 등
비타민 B_3 (나이아신)	• 체내에서 필수아미노산인 트립토판으로부터 나이아신 합성 • 결핍증 : 펠라그라(피부병, 식욕부진, 설사, 우울 등의 증세)
비타민 B_6 (피리독신)	• 단백질 대사 과정에서 보조 효소로 작용 • 결핍증 : 피부염
비타민 B_9 (엽산)	• 헤모글로빈, 적혈구를 비롯한 세포의 생성 도움 • 결핍증 : 빈혈, 장염, 설사 등
비타민 C (아스코르빈산)	• 산소의 산화능력을 비활성화시키는 기능 • 항산화 작용의 보조제로 사용 • 백혈구의 면역 활동 증진, 혈관의 노화방지 등의 효과 • 결핍증 : 괴혈병, 상처회복 지연, 면역체계의 손상 등
판토텐산	• 비타민 B의 복합체 • 조효소 형성 • 지질대사에 관여

② 지용성 비타민

비타민 A (레티놀)	• 눈의 망막세포 구성 • 피부 상피세포 유지 기능 • 결핍증 : 야맹증, 안구건조증, 피부 상피조직의 각질화 등
비타민 D (칼시페롤)	• 칼슘과 인의 흡수 도움 • 골격형성 도움 • 결핍증 : 구루병, 골다공증, 골연화증 등
비타민 E (토코페롤)	• 항산화제 • 생식기능 유지 기능 • 결핍증 : 불임증, 근육위축증
비타민 K (필로퀴논)	• 혈액 응고 관여 • 장내세균이 작용하여 인체 내에서 합성 • 결핍증 : 혈액응고 지연

③ 수용성 비타민과 지용성 비타민의 특징

수용성 비타민	지용성 비타민
• 포도당, 아미노산, 글리세린 등과 함께 소화, 흡수되어 사용 • 체내에 저장되지 않아 과잉 섭취시, 소변으로 배출됨 • 모세혈관으로 흡수 • 매일 공급해야 하며 결핍증세가 신속하게 나타남	• 지질과 함께 소화, 흡수되어 사용 • 간장에 운반되어 저장 • 섭취과잉으로 인한 독성 유발 가능 • 결핍증세가 서서히 나타나며 매일 공급할 필요가 없음

❼ 물의 영양적 이해

① 물의 기능
- 삼투압을 조절하여 체액을 정상으로 유지한다.
- 영양소와 노폐물을 운반한다.
- 체온을 조절한다.
- 체내 60~70% 구성으로 생명유지에 필수적이다.
- 외부 자극으로부터 내장 기관을 보호한다.

② 물 부족 시 나타나는 현상
- 혈압이 낮아지고 심한 경우 혼수상태에 이른다.
- 근육부종, 허약 등이 일어난다.
- 손발이 차고 호흡이 잦고 짧아진다.
- 창백하고 식은땀이 나며 맥박이 빠르고 약해진다.

❽ 영양소의 소화흡수

① 효소의 물리적·화학적 특징
- 음식물의 소화를 돕는 작용을 가진 단백질의 일종이다.
- 소화액에 들어있다.
- 열에 약하고 pH에 영향을 받는다.
- 한 가지 효소는 한 가지 물질만을 분해한다.

② 소화효소의 종류

탄수화물 분해효소	아밀라아제, 수크라아제, 말타아제, 락타아제
지방 분해효소	리파아제, 스테압신
단백질 분해효소	펩신, 트립신, 에렙신, 펩티다아제, 레닌

③ 효소의 특징

펩신 (pepsin)	위액 속에 존재하는 단백질 분해효소분해효소로 육류 속 단백질 일부를 폴리펩티드로 만듦
트립신 (trypsin)	췌액의 한 성분으로 분비되고 십이지장에서 단백질을 가수분해하는 필수적인 물질
락타아제 (lactase)	소장에서 분비되며 유당을 포도당과 갈락토오스로 분해

④ 소화흡수율
- 소화흡수율은 영양소의 소화흡수 정도를 나타내는 지표이다.
- 열량 영양소의 소화 흡수율: 탄수화물 98%, 지방 95%, 단백질 92%

제2편

과자류제품 제조

1 반죽법의 종류 및 특징

반죽형 (batter type)	• 밀가루, 달걀, 설탕, 유지 기본 함유 • 화학팽창제 사용 • 유지의 크림성과 유화성 이용 • 파운드 케이크, 레이어 케이크, 마들렌, 머핀, 과일 케이크 등
거품형 (foam type)	• 밀가루, 달걀, 설탕, 소금 기본 함유 • 공기에 의한 팽창으로 부풀리는 제품 • 달걀 단백질의 신장성과 변성 이용 • 스펀지 케이크, 엔젤 푸드 케이크, 머랭, 롤 케이크 등
시폰형 (chiffon type)	• 흰자와 노른자를 분리하여 제조하는 별립법과 같음 • 흰자는 머랭, 노른자는 반죽형 반죽 형태로 만듦 • 거품 낸 흰자와 화학팽창제 이용 • 시폰 케이크

❶ 반죽형 반죽

① 밀가루, 달걀, 유지, 설탕을 기본재료로 하며 화학팽창제를 사용하여 부풀린 제품이다.

② 유지 사용량이 많아 부드러우나 구조가 약해질 수 있다.

③ 일반적으로 달걀보다 밀가루를 더 많이 사용하는 반죽으로 비중이 높고 무겁다.

④ 레이어 케이크, 파운드 케이크, 머핀, 과일 케이크, 마들렌, 바움쿠엔 등을 만들 때 사용한다.

블렌딩법	• 유지에 밀가루를 넣어 파슬파슬하게 혼합하여 피복한 뒤 가루재료와 액체재료 혼합 • 장점 : 제품의 조직을 부드럽고 유연하게 만듦 • 단점 : 단순히 피복하므로 반죽의 공기 혼합량 적음, 완제품의 팽창이 상대적으로 적음
크림법	• 유지에 설탕을 넣고 균일하게 혼합한 후 달걀을 넣으며 부드러운 크림상태로 만들고 가루재료 혼합 • 장점 : 부피가 큰 케이크 제조 가능 • 단점 : 스크랩핑을 자주 해야 함
1단계법	• 유지에 모든 재료를 넣고 혼합하는 방법 • 장점 : 노동력, 제조시간 절약
설탕/물법	• 유지에 설탕물(2:1비율)을 넣고 혼합한 후 가루재료를 넣고 마지막으로 달걀을 혼합하는 방법 • 장점 : 계량의 편리성으로 대량 생산 용이, 껍질색이 균일한 제품 생산, 별도의 스크랩핑 필요 없음

❷ 거품형 반죽

① 달걀의 기포성(포집성)과 유화성, 열에 대한 응고성을 이용해 부풀린 반죽이다.
② 밀가루보다 달걀을 많이 사용하여 반죽의 비중이 낮고 가볍다.
③ 전란을 이용하는 스펀지 케이크와 흰자만을 이용하는 머랭이 있다.
④ 스펀지 케이크, 롤 케이크, 카스테라, 머랭, 다쿠와즈 등을 만들 때 사용한다.

머랭법		• 흰자에 설탕을 넣고 거품을 낸 후 가루재료 혼합 • 온제 머랭, 냉제 머랭, 이탈리안 머랭, 스위스 머랭 등
공립법	더운 믹싱법	• 달걀과 설탕을 중탕하여 37~43℃까지 데운 후 거품을 내는 방법 • 실내 온도가 낮을 때 적합 • 주로 고율배합에 사용 • 기포성이 좋음 • 휘핑시간 단축
	찬 믹싱법	• 달걀과 설탕을 중탕 없이 거품 내는 방법 • 주로 저율배합에 사용
별립법		• 달걀의 흰자와 노른자를 분리하여 설탕을 넣어 거품을 올리는 방법
단단계법		• 베이킹파우더, 유화제를 첨가한 후 전 재료를 동시에 넣고 반죽

❸ 시폰형 반죽

① 달걀의 노른자와 흰자를 분리하여 반죽하는 방법이다.
② 흰자는 설탕을 섞어 머랭을 만들고 노른자는 반죽형 반죽을 만든 후 두 가지 반죽을 혼합하여 제품을 만든다.
③ 별립법과 같이 흰자로 머랭은 만들지만 노른자를 거품 내지 않는 것은 별립법과 다른 점이다.
④ 시폰형 반죽은 거품형 반죽의 머랭법과 반죽형 반죽의 블렌딩법을 함께 사용하는 시폰법을 많이 사용한다.

❹ 페이스트리 반죽

① 과자류제품의 페이스트리류는 퍼프 페이스트리(프렌치파이), 쇼트 페이스트리(아메리칸파이), 슈 페이스트리 등이 있다.
② 퍼프 페이스트리와 쇼트 페이스트리의 팽창 매개체는 유지이며 유지의 힘으로 반죽을 부풀린다.
③ 슈 페이스트리의 팽창 매개체는 수분이며 수증기의 팽창으로 반죽을 부풀린다.

TIP ▷ **과자 반죽의 믹싱 완료 정도 파악**

반죽의 비중, 반죽의 색, 반죽의 점도

2 반죽의 결과 온도

❶ 반죽의 온도

반죽의 온도 낮음	기공 조밀, 부피 작음, 식감 나쁨
반죽의 온도 높음	기공 열림, 큰 공기구멍 생김, 조직 거침, 노화 빠름

❷ 온도 계산

마찰계수	(결과 반죽 온도 × 6)–(실내 온도+밀가루 온도+설탕 온도+쇼트닝 온도+달걀 온도+수돗물 온도)
사용할 물 온도 계산	(희망 반죽 온도 × 6)–(실내 온도+밀가루 온도+설탕 온도+쇼트닝 온도+달걀 온도+마찰계수)
얼음 사용량	$\dfrac{\text{사용할 물량}\times(\text{수돗물 온도}-\text{사용할 물 온도})}{(80+\text{수돗물 온도})}$

> **TIP ▷ 마찰계수**
>
> 반죽을 만드는 동안 발생하는 마찰열을 실질적 수치로 환산한 값이다.

3 반죽의 비중

❶ 비중

과자반죽에 혼입된 공기의 양을 물에 대한 비례값으로 나타낸 상대적인 수치이다.

❷ 비중이 완제품의 내외부에 미치는 영향

제품에 영향을 미치는 항목	높은 비중	낮은 비중
부피(외부적 특성)	작다	크다
기공(내부적 특성)	작다	크다
조직(내부적 특성)	조밀하다	거칠다

❸ 비중 측정법

비중	$\dfrac{(\text{비중컵 무게 + 반죽 무게}) - \text{비중컵 무게}}{(\text{비중컵 무게 + 물 무게}) - \text{비중컵 무게}} = \dfrac{\text{같은 부피의 반죽 무게}}{\text{같은 부피의 물 무게}}$

4 반죽의 pH

❶ pH의 의미

① 용액의 수소이온 농도를 나타내며 pH 1~14로 표시한다.
② pH 7을 중성으로 하여 수치가 pH 1에 가까우면 산도가 커진다.
③ 수치가 pH 14에 가까워지면 알칼리도가 커진다.

❷ 산도(pH)가 제품에 미치는 영향

산도가 가장 높은 제품은 엔젤 푸드 케이크(pH 5.2~6.0)이고 가장 낮은 제품은 과일 케이크 (pH 4.4~5.0)이다.

pH가 낮은 경우(산이 강한 경우)	pH가 높은 경우(알칼리가 강한 경우)
너무 고운 기공	거친 기공
여린 껍질색	어두운 껍질색과 속색
연한 향	강한 향
톡 쏘는 신맛	소다맛
정상보다 제품의 부피가 빈약함	정상보다 제품의 부피가 큼

TIP▷ 과자류제품 반죽 pH 조절법

• 반죽의 pH를 낮추고자 한다면 주석산 크림, 레몬즙, 식초 사용
• 반죽의 pH를 높이고자 한다면 중조 사용

02 ▶ 충전물·토핑물 제조

1 재료의 특성 및 전처리

❶ 아이싱

설탕을 중심으로 만든 장식 재료를 의미한다.

단순 아이싱		분당, 물, 물엿, 향료를 섞고 43℃로 데워 되직한 페이스트 상태로 만드는 것
크림 아이싱	퍼지 아이싱	설탕, 버터, 초콜릿, 우유를 넣고 크림화시켜 만드는 것
	퐁당 아이싱	설탕시럽을 기포시켜 만드는 것
	마시멜로 아이싱	흰자에 설탕시럽을 넣어 거품을 올려 만든 것

- 아이싱에 최소의 액체 섞기
- 35~43℃로 중탕
- 설탕시럽(2:1) 넣기

- 젤라틴, 식물성 검, 한천 등 안정제 사용
- 전분, 밀가루 같은 수분흡수제 사용

❷ 글레이즈

과자류 표면에 광택을 내는 일 또는 표면이 마르지 않도록 젤라틴, 시럽, 퐁당, 초콜릿 등을 바르는 것을 의미한다.

도넛과 케이크의 글레이즈는 45~50℃가 적당하다.

❸ 머랭

흰자에 설탕을 넣고 거품 내어 만든 반죽을 의미하며 최적 pH는 5.5~6.0이다.

냉제 머랭	흰자를 거품 내다가 설탕을 조금씩 넣으면서 튼튼한 머랭을 만듦
온제 머랭	흰자(100)와 설탕(200)을 섞어 43℃로 중탕한 후 거품을 내고 분당을 섞음
스위스 머랭	43℃로 중탕하여 거품 낸 온제 머랭에 냉제 머랭을 섞음
이탈리안 머랭	흰자거품을 낸 후 114~118℃로 끓인 설탕시럽을 넣어 만든 머랭, 장식용으로 사용

❹ 퐁당

설탕 100에 물 30을 넣고 114~118℃로 끓인 후 희뿌연 상태로 결정화 한 것을 말한다.

❺ 생크림

우유 지방 함량이 35~40% 정도인 크림을 휘핑하여 사용하며 4~6℃에서 거품이 가장 잘 일어난다.

❻ 커스터드 크림

우유, 달걀, 설탕을 섞고 안정제(옥수수전분이나 박력분)를 넣어 끓인 크림이다.

❼ 디플로매트 크림

커스터드 크림과 무가당 생크림을 1:1로 혼합하는 크림을 말한다.

❽ 가나슈 크림

초콜릿 크림 중 하나로 끓인 생크림에 초콜릿을 섞어 만든다.

❾ 버터 크림

버터를 크림 상태로 만든 뒤 설탕 100, 물 25~30, 물엿 등을 114~118℃로 끓여 식힌 시럽을 조금씩 넣으면서 저어 만든 크림을 말한다.

2 충전물 제조

충전물은 타르트, 파이, 슈 등에 내용물을 채우는 것으로 일반적으로 필링이라고도 부른다.

❶ 크림 충전물

① 우유나 생크림을 주재료로 하며 달걀, 설탕, 버터 등의 재료를 더한 것을 말한다.
② 종류에는 달걀에 설탕과 우유를 더한 커스터드 크림, 버터에 설탕 또는 시럽을 넣고 거품을 내 공기를 포함시킨 버터 크림, 초콜릿에 생크림을 더한 가나슈 크림, 버터와 설탕을 섞어 달걀을 넣어 거품을 낸 아몬드 크림 등이 있다.
③ 크림 충전물은 재료의 특성상 세균의 번식이 쉬우므로 랩으로 싸거나 뚜껑을 덮어 냉장 보관한다.

❷ 과일 충전물

과일에 설탕을 넣고 졸여 만든 충전물을 말하며 타르트, 파이, 페이스트리 등에 충전용으로 사용된다.

03 ▶ 팬닝

1 분할 팬닝 방법

반죽을 성형하는 하나의 방법으로 모양을 갖춘 틀에 적당량의 반죽을 채워 넣고 구워 제품의 모양을 만드는 것을 의미한다.

❶ 적정량의 반죽을 팬닝하는 방법

① 틀의 부피를 기준으로 반죽량을 채우는 방법
② 틀의 부피를 비용적으로 나누어 반죽량을 산출하여 채우는 방법

❷ 제품별 팬닝 정도

스펀지 케이크	레이어 케이크	파운드 케이크	커스터드 푸딩
50~60% (5.0cm³/g)	55~60% (2.96cm³/g)	70% (2.40cm³/g)	95%

❸ 틀 부피 계산법

원형팬	밑넓이 × 높이 = 반지름 × 반지름 × 3.14 × 높이
옆면이 경사진 원형팬	평균 반지름 × 평균 반지름 × 3.14 × 높이
경사면을 가진 사각팬	평균 가로 × 평균 세로 × 높이
정확한 치수를 측정하기 어려운 팬	유채씨나 물을 담은 후 메스실린더로 부피를 구함

❹ 반죽 무게

반죽 무게	$\dfrac{틀\ 부피(용적)}{비용적}$
비용적	$\dfrac{틀\ 부피(용적)}{반죽\ 무게}$

> **TIP** ▷ 비용적
>
> 반죽 1g당 굽는 데 필요한 팬의 부피를 말하며 단위는 cm³/g이다.

❺ 이형제

반죽을 구울 때 틀에 달라붙지 않고 모양을 그대로 유지하기 위하여 사용하는 재료를 말한다.
① 거품형 반죽 제품은 이형제로 물을 사용한다.
② 반죽형 반죽 제품은 이형제로 녹인 유지를 바른 후 밀가루를 뿌려 사용한다.
③ 시폰 케이크와 엔젤 푸드 케이크는 이형제로 물을 사용한다.

04 > 성형

1 제품별 성형 방법 및 특징

❶ 파운드 케이크

밀가루, 설탕, 유지, 달걀을 각각 1파운드씩 같은 양을 넣어 만든 것에서 유래되었다.

제조 공정	• 크림법으로 제조(반죽 온도 20~24℃, 비중 0.7±0.05) • 윗면을 자연적으로 터지게 하거나 인위적으로 칼집을 내어 터트리기도 함 • 이중팬을 사용하여 구움(오븐에서의 열전도 효율은 낮아지지만 설탕, 달걀, 유지 등이 많이 들어간 고율배합의 반죽을 균일하게 익힐 수 있기 때문)
응용 제품	• 과일 케이크, 마블 케이크

TIP ▷ 과일 케이크에서 과일이 가라앉는 이유

• 강도가 약한 밀가루를 사용한 경우
• 믹싱이 지나치고 큰 공기방울이 반죽에 남아 있는 경우
• 시럽에 담긴 과일을 사용할 때 액체가 많이 섞여 있는 경우
• 과일이나 견과류가 너무 크고 무거운 경우

TIP ▷ 파운드 케이크를 구울 때 이중팬을 사용하는 이유

• 바닥의 두꺼운 껍질 형성을 방지하기 위해
• 옆면의 두꺼운 껍질 형성을 방지하기 위해
• 제품의 맛과 조직을 좋게 하기 위해

TIP ▷ 파운드 케이크를 구운 후 노른자에 설탕을 넣고 칠하는 이유

• 광택제 효과
• 착색 효과
• 보존기간 개선
• 맛의 개선

❷ 스펀지 케이크

거품형 반죽 과자의 대표적인 제품으로 기본배합은 박력분 100%, 설탕 166%, 달걀 166%, 소금 2%이다.

제조 공정	• 공립법과 별립법 중 선택 가능 • 달걀 사용이 많은 제품이므로 굽기가 끝나면 즉시 팬에서 꺼내 냉각시켜야 수축을 막을 수 있음 • 굽는 과정에서 공기의 팽창, 전분의 호화, 단백질의 응고 등 물리적 현상이 일어남
응용 제품	• 카스테라

❸ 레이어 케이크

반죽형 반죽의 대표적인 제품으로 설탕 사용량이 밀가루 사용량보다 많은 고율배합 제품이다.

제조 공정	• 대체로 크림법 사용 • 데블스 푸드 케이크 : 블렌딩법(반죽 온도 24~25℃, 비중 0.8±0.05) • 팬의 50~60% 정도 반죽을 채운 후 180℃에서 30~35분 굽기

❹ 롤 케이크

스펀지 케이크보다 수분 함량이 많아야 제품을 말 때 표피가 터지지 않는다. 스펀지 케이크와 비교하여 달걀 사용량이 많은 제품이다.

제조 공정	• 공립법, 별립법, 일단계법에서 선택 가능 • 유산지를 깐 팬에 반죽을 빠르게 팬닝 후 윗면을 고르게 한 후 굽기

TIP ▶ 롤 케이크를 구운 즉시 팬에서 꺼내는 이유

• 제품이 찐득거리는 것 방지　　• 제품의 수축 방지　　• 말기 시 표면이 터지는 것 방지

TIP ▶ 롤 케이크에 충전물(잼)이 축축하게 스며드는 것을 방지하는 방법

• 낮은 온도에서 장시간 굽기　　• 수분의 비율을 줄이기　　• 밀가루 사용량 늘리기

❺ 케이크 도넛

화학팽창제를 사용하여 팽창시키며 도넛의 껍질 안쪽 부분이 보통의 케이크와 비슷하여 케이크 도넛이라 한다. 밀가루는 보통 중력분을 사용하고 넛메그(nutmeg)라는 향신료를 사용한다.

제조 공정	• 공립법, 크림법(반죽 온도 22~24℃) • 휴지 후 정형 • 발연점이 높은 면실유(튀김온도 180~195℃)를 이용하여 튀기기 • 식기 전 도넛 글레이즈를 49℃ 전후로 데워 토핑

❻ 엔젤 푸드 케이크

달걀의 거품을 이용한다는 측면에서 스펀지 케이크와 유사하나 달걀의 흰자만을 사용한다는 점이 다르다. 케이크 류 중 반죽 비중과 pH가 제일 낮다.

제조 공정	• 머랭 반죽(머랭에 밀가루, 설탕, 주석산 크림, 소금을 넣고 골고루 섞음) • 틀에 이형제로 물을 분무한 후 60~70% 정도 팬닝한 후 굽기

TIP ▸ **데블스 푸드 케이크**

15~30%의 코코아를 넣어 블렌딩법으로 제조

TIP ▸ **이형제로 물을 사용하는 제품**

시폰 케이크, 엔젤 푸드 케이크

❼ 퍼프 페이스트리

밀가루 반죽에 유지를 넣어 결을 낸 유지층 반죽 과자로 프렌치 파이라고도 불린다.

	반죽형 (스코틀랜드식)	유지를 콩알크기로 잘라 밀가루(강력분)와 섞고 물을 넣어 반죽을 만드는 방법
제조 공정	접기형 (프랑스식)	밀가루(강력분), 유지, 물로 발전단계까지 반죽한 후 충전용 유지를 넣고 싸서 접고 밀어펴는 방법

TIP ▸ **페이스트리 반죽에 강력분을 이용하는 이유**

많은 양의 유지를 지탱하고 여러 차례에 걸친 접기와 밀기 공정에도 반죽과 유지의 층을 형성해야 하기 때문이다.
박력분의 경우 글루텐의 강도가 약해 반죽이 잘 찢어진다.

TIP ▸ **페이스트리를 굽는 동안 유지가 흘러나오는 이유**

• 밀어펴기를 잘못했을 경우
• 박력분을 사용했을 경우(단백질 함량이 낮은 밀가루를 사용한 경우)
• 오븐의 온도가 지나치게 높은 경우
• 오래된 반죽을 사용한 경우

TIP ▸ **정형시 반죽이 수축하는 이유**

• 과도한 밀어펴기
• 불충분한(짧은) 휴지
• 된 반죽
• 반죽 중 유지 사용량이 적은 경우

TIP ▸ **페이스트리 반죽을 냉장고에서 휴지시키는 이유**

• 반죽을 연화 및 이완시켜 밀어펴기 용이
• 손상된 글루텐 재정돈
• 밀가루의 수화를 통해 글루텐 안정화
• 반죽과 유지의 되기를 같게 하여 층을 분명하게 함
• 성형을 위해 절단 시, 수축 방지

❽ 사과 파이

설탕으로 졸인 사과를 파이 반죽으로 감싸 구운 쇼트 페이스트리를 말한다.

제조 공정	• 블렌딩법(파이지)으로 밀가루와 유지를 섞어 유지의 입자가 콩알만한 크기가 될 때까지 다짐 • 소금, 설탕 등을 물에 녹여 넣으면서 반죽 • 냉장 휴지하는 동안 사과를 잘라 필링 준비 • 옥수수 전분, 설탕, 소금, 계피가루를 넣고 거품기를 잘 섞은 후 뜨거운 물을 부어 호화시킴 • 되직한 상태가 되면 불에서 내린 후 버터를 넣고 섞은 후 잘라놓은 사과를 넣고 20℃로 식힘 • 격자형 또는 덮개형으로 정형한 후 굽기

TIP ▶ 파이지 결의 크기

결의 크기는 유지의 입자 크기에 따라 결정됨

TIP ▶ 파이지를 냉장고에서 휴지시키는 이유

• 유지와 반죽의 농도를 같게 하기 위해
• 끈적거림을 방지하기 위해
• 반죽을 연화 및 이완시키기 위해

TIP ▶ 충전물이 끓어 넘치는 이유

• 껍질에 수분이 많은 경우
• 윗 껍질에 구멍이 없을 경우
• 오븐의 온도가 낮을 경우
• 충전물의 온도가 높을 경우
• 바닥 껍질이 얇은 경우
• 위, 아래 껍질이 잘 붙지 않은 경우

TIP ▶ 파이 껍질이 질기고 단단한 이유

• 믹싱시간이 김
• 반죽을 강하게 치대어 글루텐이 지나치게 형성
• 강력분을 사용
• 자투리 반죽을 많이 사용

❾ 슈

구워진 상태가 양배추 같다하여 붙여진 이름으로 우리나라에서는 슈크림이라 부른다.

제조 공정	• 물, 소금, 유지 넣고 끓인 후 유지가 녹으면 밀가루를 넣고 호화시킴 • 호화된 반죽을 60~65℃로 냉각시키고 달걀을 소량씩 넣어 섞으며 매끈한 반죽을 만듦
응용 제품	에클레어, 파리 브레스트, 추로스, 스웨덴 슈

TIP ▶

슈 반죽을 구울 때 찬 공기가 들어가면 슈가 주저앉게 되므로 팽창 과정 중에는 오븐 문을 여닫지 않도록 한다.

- 팬에 기름칠이 과다함
- 슈 반죽을 짤 때 반죽 밑바닥에 공기가 들어감
- 오븐 바닥 온도가 너무 높음

⑩ 쿠키

케이크 반죽에 밀가루 양을 증가시켜 만든 수분이 적고 크기가 작은 건과자와 수분이 많고 크기가 작은 생과자 등이 있다.

① 제조 특성에 따른 분류

밀어펴는(찍어내기) 쿠키	스냅 쿠키나 쇼트브레드 쿠키처럼 반죽을 충분히 휴지 후 두께를 적당하게 밀어 펴 정형기로 정형
짜는 형태의 쿠키	드롭 쿠키나 거품형 반죽 쿠키처럼 짤주머니에 넣어 크기와 모양을 균일하게 정형
냉동 쿠키	유지가 많은 배합의 쿠키 반죽을 냉동고에서 굳혀 잘라 정형
판에 등사하는 쿠키	아주 묽은 상태의 반죽을 철판에 올려놓은 틀에 흘려 굽기
마카롱 쿠키	흰자에 설탕을 넣고 거품을 올려 머랭을 만든 후 아몬드 분말을 넣어 만듦

② 반죽 특성에 따른 분류

반죽형 반죽 쿠기	드롭 쿠키	달걀 사용량이 많아 반죽형 쿠기 중 가장 부드러운 쿠키
	스냅 쿠키	달걀 사용량은 적고 설탕이 많이 들어가 찐득찐득한 식감의 쿠키
	쇼트브레드 쿠키	유지를 많이 사용하며 부드럽고 바삭한 식감의 쿠키
거품형 반죽 쿠기	스펀지 쿠키	달걀 전란을 사용하며 모든 쿠키 중 수분이 가장 많은 쿠키
	머랭 쿠키	흰자와 설탕을 휘핑하여 거품을 올린 머랭으로 만든 쿠기

TIP ▶ 쿠키의 퍼짐을 좋게 하기 위한 방법

- 팽창제 사용
- 입자가 큰 설탕 사용
- 암모늄염 사용
- 낮은 오븐 온도
- 알칼리 재료 사용량 늘림

TIP ▶ 쿠키에 화학 팽창제를 사용하는 이유

- 제품의 부피를 증가시키기 위해
- 부드러운 제품을 만들기 위해
- 퍼짐과 크기를 조절하기 위해

05 ▶ 반죽 익히기

1 굽기

① 반죽에 복사, 전도, 대류의 방식으로 열을 가하여 익혀주고 색을 내는 것을 의미한다.
② 과자의 윗면은 복사, 밑면은 전도, 옆면은 대류 등의 방식으로 열이 가해진다.
③ 굽기 공정에서는 전분의 호화, 단백질의 응고, 공기의 팽창(오븐 스프링), 갈변반응(캐러멜화 반응) 등이 일어난다.

굽기 방법	낮은 온도 장시간(오버 베이킹)	고율배합, 다량의 반죽, 반죽 두께가 두꺼운 경우
	높은 온도 단시간(언더 베이킹)	저율배합, 소량의 반죽, 반죽 두께가 얇은 경우

2 찌기

① 수증기의 열이 대류현상으로 전달되는 현상을 이용하여 조리하는 방법을 말한다.
② 물이 수증기로 될 때 539cal/g의 기화 잠열을 갖는데 이 수증기가 식품에 닿으면 액화되어 열을 방출하여 식품이 가열된다.
③ 찌기는 식품 자체가 가지고 있는 맛이 보존된다는 이점이 있는 반면 가열 도중 조미가 어려운 단점이 있다.
④ 찔 때 물의 양은 물을 넣는 부분의 70~80% 정도가 적당하다.
⑤ 찌기의 적당한 제품에는 찜 케이크, 찐빵, 만쥬, 만두, 푸딩, 치즈 케이크 등이 있다.

3 튀기기

기름을 열전도의 매개체로 사용하여 반죽을 익혀주고 색을 내는 것을 의미한다.

❶ 튀김기름

① 표준온도는 180~195℃이다.
② 도넛튀김용 유지는 발연점이 높은 면실유가 적당하다.
③ 튀김기름이 너무 낮으면 너무 많이 부풀어 껍질이 거칠고 다량의 기름이 흡수된다.
④ 튀김기에 넣는 기름의 적정 깊이는 12~15cm 정도이다.
⑤ 유지를 고온으로 계속 가열하면 유리지방산이 많아져 발연점이 낮아진다.

❷ 튀김기름의 4대 적

온도(열), 수분(물), 공기(산소), 이물질

❸ 튀김기름이 갖춰야 할 요건

① 부드러운 맛과 엷은 색을 띤다.
② 발연점(가열 시 푸른 연기가 나는 현상)이 높아야 한다.
③ 제품이 냉각되는 동안 충분히 응결되어야 한다.
④ 불쾌한 맛과 냄새가 나지 않아야 하며 열을 잘 전달해야 한다.

> **TIP ▶ 튀기기 시 과도한 흡유의 원인**
>
> • 반죽의 글루텐 형성이 부족할 때
> • 반죽 시간이 짧았을 때
> • 반죽의 수분이 과다할 때
> • 튀김기름의 온도가 낮았을 때
> • 팽창제를 과다 사용했을 때

> **TIP ▶ 튀김기름에 스테아린을 첨가하는 이유**
>
> • 도넛의 기름이 설탕을 녹여 끈적거리게 만드는 현상 방지
> • 유지의 융점을 높임
> • 경화기능이 너무 강하면 도넛에 설탕이 붙는 점착성이 낮아짐

4 익히기 중 성분 변화의 특징

❶ 굽기 온도 부적절로 생기는 현상

오버베이킹(over baking)	언더베이킹(under baking)
낮은 온도에서 장시간	높은 온도에서 단시간
윗면이 평평하게 됨	윗면이 볼록하게 올라오고 터짐
제품에 수분이 적게 남아 노화 빠름	제품에 수분이 많이 남음

❷ 굽기 손실률

굽기 손실률	$\dfrac{(\text{굽기 전 반죽 무게} - \text{굽기 후 반죽 무게})}{\text{굽기 전 반죽 무게}} \times 100$
전체 반죽의 무게	$\dfrac{\text{완제품의 무게}}{1 - \text{손실률}}$

❸ 굽기 중 성분 변화

열에 의해 당류가 갈색을 내는 캐러멜화 반응과 당류와 아미노산이 결합하여 갈색 색소인 멜라노이딘을 만드는 마이야르 반응이 나타난다.

캐러멜화 반응	고온으로 가열하면 당이 녹아 여러 단계의 화학 반응을 거쳐 보기 좋은 연갈색에서 진한 갈색으로 변하는데 이때 색깔의 변화와 함께 당류 유도체 혼합물의 변화로 향미의 변화 또한 일어남
마이야르 반응	비효소적 갈변 반응으로 당류와 아미노산, 펩티드, 단백질 모두를 함유하고 있기 때문에 대부분 자연적으로 발생함

제3편

제품 저장관리

01 ▶ 제품의 냉각 및 포장

1 제품의 냉각방법 및 특징

❶ 냉각

오븐에서 바로 꺼낸 과자류제품의 온도는 100℃ 근처인데 이것을 상온에 방치하면 온도가 점점 내려가게 되고, 35~40℃ 정도의 온도가 되는 것을 냉각이라 한다. 냉각은 좁게는 상온 이하 어는점 이상의 온도 범위를 말하며, 넓게는 상온 이하의 모든 온도 범위를 말한다. 냉각 방법은 자연 냉각과 냉각기를 이용한 냉각이 있다.

❷ 냉각의 목적

① 곰팡이 및 기타 균의 피해 방지 : 구운 제품을 그대로 포장하거나 상자에 넣게 되면 냉각 되면서 수분이 방출되어 포장지 표면에 응축되었다가 제품 속으로 흡수되어 제품의 수분 활성이 높아져 곰팡이나 기타 균이 발생할 위험이 커진다. 따라서 이를 방지하기 위해 냉 각이 필요하다.
② 절단, 포장에 용이 : 구운 직후의 제품은 내부에 많은 수분을 보유하고 있어 매우 부드러워 잘 잘리지 않는 경향이 있다. 따라서 냉각 후 모양 보전이 잘되는 상태로 절단과 포장을 하 는 것이 좋다.

❸ 냉각 방법

자연 냉각	실온에서 3~4시간 냉각하며 수분 손실이 가장 적음
터널식 냉각	공기 배출기를 이용한 냉각으로 2~2.5시간이 걸림
공기조절식 냉각	온도 20~25℃, 습도 85%의 공기에 통과시켜 90분간 냉각

❹ 냉각 손실의 발생 원인

① 냉각하는 동안 수분 증발로 인해 무게가 감소한다.
② 여름철보다 겨울철에 냉각 손실이 크다.
③ 평균 2%의 냉각 손실이 발생한다.

❺ 제품별 냉각법

① 스펀지 케이크
- 달걀이 많이 들어가는 제품이므로 굽기 후 바로 철판에서 분리하여 냉각해야 제품의 수 축을 막을 수 있다.
- 급속한 냉각 또한 제품의 수축을 일으킬 수 있다.

② 롤 케이크
  • 제품이 찐득거리는 것을 방지하고, 제품의 수축을 방지하며 말기 시 표면이 터지는 것을 방지할 수 있다.
  • 굽기 후 바로 철판에서 분리하여 냉각한다.
③ 케이크 도넛
  • 설탕 아이싱의 경우 40℃ 전후로 냉각 후 뿌려준다.
  • 도넛을 충분히 냉각하지 않으면 발한현상이 일어나며 발한현상이란 도넛에 묻힌 설탕이나 글레이즈가 녹아 땀을 흘리는 것처럼 되는 현상을 말한다.

2 포장재별 특성

제품의 유통과정에서 제품의 가치를 증진시키고 상품으로서의 상태를 보호하기 위한 것을 말한다.

❶ 포장 용기의 선택 시 고려사항

① 방수성이 있고 통기성이 없어야 한다.
② 포장재의 가소제나 안정제 등의 유해물질이 용출되어서는 안 된다.
③ 포장 시 제품의 가치를 높일 수 있어야 한다.
④ 단가가 낮고 포장에 의해 제품이 변형되지 않아야 한다.
⑤ 세균, 곰팡이가 발생하는 오염포장이 되어서는 안 된다.
⑥ 공기의 자외선 투과율, 내약품성, 내산성, 내열성, 투명성, 신축성 등을 고려한다.

❷ 포장 시 유의사항

① 포장 시 일반적인 과자의 냉각 온도는 35~40℃가 적합하다.
② 냉각이 충분하지 못하면 제품의 흡습으로 인해 변패되기 쉽다.

3 불량제품 관리

❶ 제품평가의 기준

제품평가란 완성된 제품의 외부와 내부를 평가하여 상품가치를 평가하는 것을 말한다.

외부평가	내부평가	식감평가
터짐성, 외형의 균형, 부피, 굽기의 균일화, 껍질색, 껍질 형성	조직, 기공, 속결, 속색	냄새, 맛

② 재료에 따른 제품의 결과

① 설탕 : 이스트의 먹이로 3%정도 첨가하나 5% 이상이 되면 가스발생력이 약해져 발효시간이 길어짐
② 쇼트닝 : 밀가루 기준 3~4% 첨가 시 가스보유력이 좋아짐
③ 소금 : 밀가루 기준 2%가 평균적이나 그 이상 사용하면 삼투압에 의해 이스트 발효력 저하, 소금을 넣지 않으면 반죽이 끈적거리며 처짐

02 ▶ 제품의 저장 및 유통

1 저장방법의 종류 및 특징

❶ 저장의 의의

식재료의 사용량과 일시가 결정되어 구매를 통해 구입한 식재료를 철저한 검수 과정을 거치며 출고할 때까지 손실 없이 합리적인 방법으로 보관하는 과정을 말한다.

❷ 저장의 목적

① 폐기에 의한 재료 손실을 최소화함으로써 원재료의 적정 재고를 유지한다.
② 재료를 위생적이며 안전하게 보관함으로써 손실을 방지하기 위한 올바른 출고 관리에 있다.
③ 재료 낭비로 인한 원가 상승을 막으며 정확한 출고량을 파악, 관리한다.

❸ 실온 저장

① 건조 창고의 온도는 10~20℃, 상대 습도는 50~60%를 유지하며 채광과 통풍이 잘되어야 한다.
② 건조 창고의 내부에 온도계와 습도계를 부착하고 주기적으로 확인한다.
③ 선입선출이 용이하도록 먼저 입고된 것을 앞쪽에, 나중에 입고된 것을 뒤쪽에 위치하도록 보관한다.
④ 선반은 4~5단으로 폭 60cm 이내 바닥에서 15cm 이상, 벽에서 5cm의 공간을 띄우도록 한다.
⑤ 건조 재료는 포장상태로 저장하는 것이 좋으며 개봉 후에는 밀폐 용기에 담에 오염을 방지한다.

❹ 냉장 저장

① 냉장 저장 온도는 0~10℃로 보통 5℃ 이하로 유지하는 것이 좋으며 습도는 75~95%에서 저장한다.

② 냉장고 용량의 70% 이하로 식품을 저장한다.
③ 냄새를 잘 흡수하는 우유와 달걀 등의 재료는 냄새가 심한 재료와 함께 저장하지 않는다.
④ 식품 보관 시 뜨거운 상태로 보관하게 되면 내부 온도가 상승하여 다른 식품을 부패시킬 수 있으므로 반드시 식힌 다음 저장한다.

❺ 냉동 저장

① 냉동 저장 온도는 −23~−18℃, 습도는 75~95%에서 저장한다.
② 냉동식품은 검수 후 즉시 냉동 보관하며 냉동고의 문은 신속하고 최소한으로 열고 닫는다.
③ 냉동식품을 해동했다가 다시 냉동시키는 것은 매우 위험하므로 소포장하여 보관한다.
④ 정기적으로 성에를 제거하고 청소, 정리, 정돈한다.

❻ 노화

과자류제품의 저장 중 제품의 상품 가치를 유지하는 데 있어 가장 중요한 사항은 과자류제품의 노화 억제이다. 노화란 과자의 껍질과 내부에서 일어나는 물리적, 화학적 변화로 제품의 맛과 향기가 변화하며 완제품의 수분손실로 인해 딱딱해지는 현상을 말한다.

① 노화에 따른 껍질과 내부 변화

껍질의 변화	• 과자 내부의 수분이 표면으로 이동 • 공기 중의 수분이 껍질에 흡수 • 표피가 눅눅해짐
내부의 변화	• 과자의 내부가 건조해지고 탄력을 잃음 • 과자의 향미가 떨어짐 • 과자 내부의 수분이 껍질로의 이동으로 인해 생기며 이는 알파 전분의 퇴화(β화)가 주원인이 됨

② 과자류제품의 노화에 영향을 주는 조건

저장온도	• 노화 정지 온도 : 21~35℃, −18℃의 냉동 온도 • 노화의 최적 온도 : −6.6~10℃의 냉장 온도 • 미생물에 의한 변질이 일어날 수 있는 최적의 온도 : 43℃
저장시간	• 과자류제품은 오븐에서 꺼낸 직후부터 노화 진행 • 신선한 제품일수록 노화가 빠르게 진행

③ 과자류제품의 노화를 지연시키는 조건
- 계면활성제를 사용하면 과자 속을 부드럽게 하고 수분 보유량을 높여 노화를 지연시킨다.
- 펜토산은 탄수화물의 일종으로 수분의 보유도가 높아 노화를 지연시킨다.
- 굽기 후 과자 내부의 수분이 많을수록 노화가 지연된다.
- 아밀로오스의 함량보다 아밀로펙틴의 함량이 많으면 노화가 지연된다.
- 밀가루 내 단백질의 양이 많고 질이 높을수록 노화가 지연된다.
- 유지와 설탕의 비율이 높아지면 수분 보유력이 높아져 노화가 지연된다.

2 제품의 유통·보관방법

❶ 유통기한의 의의

유통기한이란 섭취가 가능한 날짜(expiration date)가 아닌 식품의 제조일로부터 소비자에게 판매가 가능한 기한을 말한다. 이 기한 내에서 적절하게 보관, 관리한 식품은 일정한 수준의 품질과 안전성이 보장됨을 의미하는 것이다.

❷ 유통기한에 영향을 미치는 요인

내부적 요인	원재료, 제품의 배합 및 조성, 수분 함량 및 수분 활성도, pH 및 산도
외부적 요인	제조 공정, 위생 수준, 포장 재질 및 포장 방법, 저장 및 유통

❸ 제품 유통하기

① 제품 유통 시 유통기한 설정 및 표시를 한다.
- 제품의 특성에 따라 소비자에게 판매가 가능한 최대 기간을 정한다.
- 식품의 용기, 포장에 지워지지 않는 잉크, 각인, 소인 등으로 잘 보이도록 한다.
- 냉동 또는 냉장 보관하여 유통하는 제품은 '냉동 보관', '냉장 보관'을 표시하고, 제품이 품질 유지에 필요한 냉동 또는 냉장 온도를 함께 표시한다.

② 포장 기준에 따라 파손 및 오염이 되지 않도록 유의하여 포장한다.
- 포장 용기의 위생에 유의하여 포장지를 선택한다.
- 포장 제품에 의해 제품의 고유성이 변화되지 않도록 주의한다.

③ 제품 유통 중 온도 관리 기준에 따라 적정 온도를 설정한다.

3 제품의 저장·유통 중 변질 및 오염원 관리방법

과자류제품의 완제품을 유통 시 제품의 상품 가치를 높이고 유지시키는 데 있어 가장 중요한 사항은 과자의 변질을 억제하는 것이다.

❶ 과자류제품 변질

과자류제품의 변질은 온도에 의한 물리적 작용과 산소, 금속, 광선에 의한 화학적 작용과 효소에 의한 생화학적 작용, 위생 동물과 미생물에 의한 생물학적 작용 등에 의해 과자류제품의 성질이 변하여 원래의 특성을 잃게 되는 것으로 형태나 맛, 냄새, 색 등이 달라진다.

❷ 변질의 종류와 정의

부패	과자류제품을 구성하는 단백질에 혐기성 세균이 증식한 생물학적 요인에 의해 분해되어 악취와 유해물질 등을 생성하는 현상
변패	과자류제품을 구성하는 탄수화물과 지방에 생물학적 요인인 미생물의 분해작용으로 냄새와 맛이 변화하는 현상
발효	과자류제품을 구성하는 탄수화물에 생물학적 요인인 미생물이 번식하여 과자제품의 성질이 인체에 유익하도록 변화를 일으키는 현상
산패	과자류제품을 구성하는 지방의 산화 등에 의하여 악취나 변색이 일어나는 현상

TIP 노화, 부패, 산패의 차이

• 노화 : 수분이 이동·발산하여 껍질이 눅눅해지고 과자 속이 푸석해진다.
• 부패 : 미생물이 침입으로 단백질 성분이 파괴되어 악취가 발생한다.
• 산패 : 지방이 산화되어 악취가 발생한다.

제4편

위생안전관리

01 ▶ 식품위생 관련 법규 및 규정

1 식품위생법 관련 법규

❶ 식품위생의 정의

W.H.O(세계보건기구)는 '식품위생이란 식품의 재배, 생산, 제조로부터 최종적으로 사람에게 섭취되기까지의 모든 단계에 걸친 식품의 안전성, 건전성 및 완전 무결성을 확보하기 위한 모든 필요한 수단'이라고 표현했다.

❷ 우리나라의 식품위생법

① **식품** : 모든 음식물(의약으로 섭취하는 것은 제외)
② **식품첨가물** : 식품을 제조·가공·조리 또는 보존하는 과정에서 감미(甘味), 착색(着色), 표백(漂白) 또는 산화방지 등을 목적으로 식품에 사용되는 물질(기구(器具)·용기·포장을 살균·소독하는 데에 사용되어 간접적으로 식품으로 옮아갈 수 있는 물질 포함)
③ **화학적 합성품** : 화학적 수단으로 원소(元素) 또는 화합물에 분해 반응 외의 화학 반응을 일으켜서 얻은 물질
④ **용기·포장** : 식품 또는 식품첨가물을 넣거나 싸는 것으로서 식품 또는 식품첨가물을 주고 받을 때 함께 건네는 물품
⑤ **위해** : 식품, 식품첨가물, 기구 또는 용기·포장에 존재하는 위험요소로서 인체의 건강을 해치거나 해칠 우려가 있는 것
⑥ **영업** : 식품 또는 식품첨가물을 채취·제조·가공·조리·저장·소분·운반 또는 판매하거나 기구 또는 용기·포장을 제조·운반·판매하는 업(농업과 수산업에 속하는 식품 채취업 제외)
⑦ **식품위생** : 식품, 식품첨가물, 기구 또는 용기·포장을 대상으로 하는 음식에 관한 위생

❸ 식품위생의 대상

식품이란 모든 음식물을 말하나 의약으로 섭취하는 것은 예외로 한다.

TIP ▶ 식품위생의 대상범위

식품, 식품첨가물, 기구, 용기, 포장

❹ 식품위생의 목적

① 식품으로 인한 위생상의 위해 사고를 방지한다.
② 식품 영양의 질적 향상을 도모한다.
③ 식품에 관한 올바른 정보를 제공한다.
④ 국민 건강의 보호·증진에 이바지한다.

❺ 영업의 종류

① 식품제조·가공업
② 즉석판매제조·가공업
③ 식품첨가물제조업
④ 식품운반업
⑤ 식품소분·판매업
⑥ 식품보존업(식품조사처리업, 식품냉동·냉장업)
⑦ 용기·포장류 제조업
⑧ 식품접객업
⑨ 공유주방 운영업

❻ 식품접객업의 종류

휴게음식점영업	주로 다류(茶類), 아이스크림류 등을 조리·판매하거나 패스트푸드점, 분식점 형태의 영업
일반음식점영업	음식류를 조리·판매하는 영업
단란주점영업	주로 주류를 조리·판매하는 영업
유흥주점영업	주로 주류를 조리·판매하는 영업으로서 유흥종사자를 두거나 유흥시설을 설치할 수 있는 영업
위탁급식영업	집단급식소에서 음식류를 조리하여 제공하는 영업
제과점영업	주로 빵, 떡, 과자 등을 제조·판매하는 영업

❼ 허가를 받아야 하는 영업

영업	허가관청
식품조사처리업	식품의약품안전처장
단란주점영업	특별자치시장· 특별자치도지사 또는 시장·군수·구청장
유흥주점영업	

2 HACCP(해썹) 등의 개념 및 의의

❶ 식품안전관리인증기준(HACCP, 해썹)

위해요소분석(Hazard Analysis)과 중요관리점(Critical Control Point)의 영문 약자로서 식품의 원료관리, 제조, 가공, 조리 및 유통의 모든 과정에서 위해한 물질이 식품에 혼입되거나 식품이 오염되는 것을 방지하기 위하여 각 공정을 중점적으로 관리하는 기준이다.

❷ 고시

식품의약품안전처장은 식품안전관리인증기준을 식품별로 정하여 고시할 수 있다.

❸ HACCP(해썹) 적용 절차

① HACCP 7원칙 : HACCP 관리계획을 수립하기 위해 단계별로 적용되는 주요원칙을 말한다.
② HACCP 12원칙 : 준비단계 5절차와 HACCP 7원칙을 포함한 총 12단계로 구성된다.

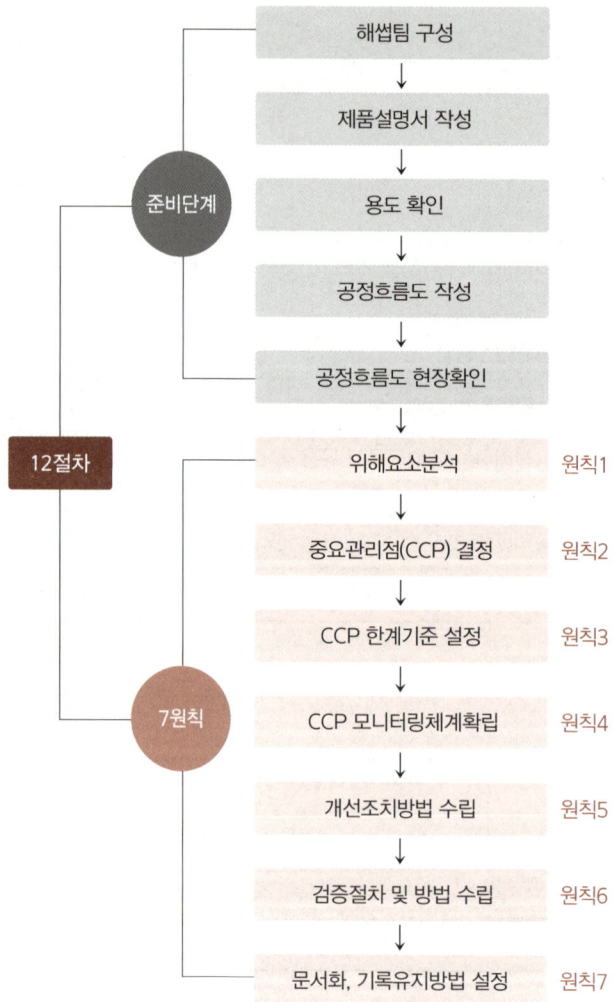

3 공정별 위해요소 파악 및 예방

❶ 생물학적, 화학적, 물리적 위해요소 도출하기

과자류제품을 생산하는 업체의 과자(비스킷, 스낵과자)에서 발생할 수 있는 위해요소를 분석해 보면 다음과 같다.

생물학적 위해요소	황색포도상구균, 살모넬라, 병원성대장균 등 식중독균
화학적 위해요소	중금속, 잔류농약 등
물리적 위해요소	금속조각, 비닐, 노끈 등 이물

❷ 위해요소를 효율적으로 관리하기 위한 방법

생물학적 위해요소	중독균은 가열(굽기/유탕)공정을 통해 제어
화학적 위해요소	원료 입고 시험성적서 확인 등을 통해 적합성 여부를 판단하고 관리
물리적 위해요소	제조 공정에서 혼입될 수 있는 금속파편, 나사, 너트 등의 금속성 이물은 금속검출기를 통과시켜 제거하고, 기타 비닐, 노끈 등 연질성 이물은 육안 등으로 선별

4 식품첨가물

식품을 제조, 가공 또는 보존함에 있어 식품에 첨가, 혼합, 침윤, 기타 방법으로 사용되는 물질을 말한다. 식품첨가물의 규격과 사용기준은 식품의약품안전처장이 정한다.

❶ 식품첨가물의 종류 및 용도

방부제 (보존료)	• 미생물의 번식으로 인한 부패나 변질을 방지하기 위해 사용 • 디하이드로초산(치즈, 버터, 마가린), 프로피온산칼슘(빵류), 프로피온산나트륨(빵, 과자류), 안식향산(간장, 청량음료), 소르브산(팥앙금류, 잼, 케첩, 식육가공물)
살균제	• 미생물을 단시간 내 사멸하기 위해 사용 • 표백분, 차아염소산나트륨
산화방지제 (항산화제)	• 유지의 산패에 의한 식품의 변색을 방지하기 위해 사용 • BHT(Dibutyl Hydroxy Toluene), BHA(Butylated Hydroxy Anisole), 비타민 E(토코페롤), 프로필갈레이트(PG), 에르소르빈산, 세사몰
밀가루 개량제	• 밀가루의 표백과 숙성 시간을 단축시키고 품질을 개량하는 데 사용 • 과황산암모늄, 브롬산칼슘, 과산화벤조일, 이산화염소, 염소

유화제 (계면활성제)	• 물과 기름같이 서로 혼합되지 않는 두 종류의 액체를 혼합할 때 분리되지 않고 분산시키는 기능을 가진 물질 • 대두 인지질, 글리세린, 레시틴, 모노-디-글리세리드, 폴리소르베이트 20, 자당지방산에스테르, 글리세린지방산에스테르
호료 (증점제)	• 식품의 점착성 증가, 유화 안정성, 형체 보존에 도움을 주는 물질 • 카세인, 메틸셀룰로오스, 알긴산나트륨
이형제	• 반죽을 분할기에서 분할할 때 반죽이 기계에 달라붙지 않게 하기 위해 사용 • 유동파라핀 오일
피막제	• 수분의 증발을 방지하기 위해 사용 • 몰포린지방산염, 초산 비닐수지
품질개량제	• 변질, 변색을 방지하는 효과를 주는 첨가물 • 피로인산나트륨, 폴리인산나트륨
감미료	• 식품의 조리, 가공할 때 단맛을 내기 위해 사용 • 사카린나트륨, 아스파탐
산미료	• 식품에 적합한 산미를 더하고 미각에 청량감과 상쾌한 자극을 주기 위해 사용 • 구연산, 젖산(유산), 사과산, 주석산
표백제	• 색소 퇴색 및 착색으로 인한 품질저하를 막기 위해 사용 • 과산화수소, 무수 아황산, 아황산나트륨
착색료	• 식품을 인공적으로 착색시켜 식품의 천연색을 보완·미화시키기 위해 사용 • 캐러멜, ß-카로틴
착향료	• 누린내 또는 비린내를 제거하거나 특유한 향으로 식욕을 증진시킬 목적으로 사용 • C-멘톨, 계피알데히드, 벤질알코올, 바닐린
팽창제	• 빵, 과자 등을 부풀려 모양을 갖추게 하는 목적으로 사용 • 효모(이스트), 명반, 소명반, 탄산수소나트륨(중조, 소다), 염화암모늄, 탄산수소암모늄, 탄산마그네슘, 베이킹파우더
소포제	• 제조 공정 중 생긴 거품을 없애기 위해 첨가 • 규소수지(실리콘 수지)
영양강화제	• 영양소를 강화할 목적으로 사용 • 비타민류, 무기염류, 아미노산류

② 식품첨가물의 사용 목적

① 식품의 외관을 만족시키고 기호성을 높이기 위해
② 식품의 변질, 변패를 방지하기 위해
③ 식품의 품질을 개량하여 저장성을 높이기 위해
④ 식품의 향과 풍미를 개선하고 영양을 강화하기 위해

❸ 식품첨가물의 조건

① 미량으로 효과가 클 것
② 독성이 없거나 극히 적을 것
③ 사용하기 간편하고 경제적일 것
④ 무미, 무취이고 자극성이 없을 것
⑤ 변질미생물에 대한 증식 억제 효과가 클 것
⑥ 공기, 빛, 열에 안전성이 있을 것
⑦ pH에 영향을 받지 않을 것

02 ▶ 개인위생관리

1 개인위생관리

개인위생관리와 청결한 몸 관리는 식품취급자로 하여금 소비자에게 안전한 식품을 공급할 수 있는 척도가 되며 식중독 예방에 있어서도 매우 중요하다.

❶ 개인의 위생 및 건강관리

① 제과 종사자의 건강진단은 1년에 1회 실시하고 보건증을 보관하며 보건증 미 발급자는 취업시키지 않도록 한다.
② 손은 모든 표면과 직접 접촉하는 부위이기 때문에 손 씻기는 각종 세균과 바이러스가 전파되는 경로를 차단하는 중요한 과정이다.

TIP ▶ 손 씻는 순서

따뜻한 물로 손을 적신다. → 손에 비누칠을 한다. → 양손을 30초간 문지른다. → 깨끗한 손톱 솔을 사용하여 손톱을 세척한다. → 43℃의 온수로 깨끗하게 헹군다. → 1회용 종이 타월이나 자동 건조기 등으로 손을 건조시킨다.

❷ 개인의 복장관리

① 깨끗한 위생복, 위생모, 앞치마, 마스크 등을 착용한다.
② 위생복은 항상 청결하게 유지하고 관리하여 유해 물질이 제품에 오염되지 않도록 한다.
③ 위생복을 착용하기 전, 몸에 부착된 시계 및 장신구를 제거한다. 반지는 오물이나 다른 요소의 질병과 오염원으로부터 박테리아를 번식시킬 수 있으며, 또한 설비에 걸리거나 열이 전도되므로 안전상 위험할 수 있음을 제과사 및 종사자에게 인식시킨다.
④ 소매는 끝까지 잘 내려가 있어 손, 발, 얼굴 일부를 제외한 신체 부위가 노출되지 않도록 한다.

⑤ 머리카락이 외부로 노출되지 않도록 하며 긴머리의 경우, 단정하게 묶어 머리 망을 한 후 모자를 착용한다.

⑥ 눈화장과 립스틱은 진하게 하지 않으며 향이 강한 화장품 및 향수 등은 사용하지 않는다.

⑦ 남자 작업자의 경우, 면도를 깨끗하게 하여 수염이 제품에 유입되지 않도록 한다.

⑧ 작업장 내에서는 맨발에 슬리퍼를 착용하지 않으며 항상 본인의 발에 잘 맞는 작업화를 착용한다.

⑨ 작업화의 경우, 외부용 신발과 구별하여 관리하며 굽이 낮고 미끄럼 방지 처리가 된 것을 착용한다.

❸ 작업 태도 관리

① 작업 중 머리를 긁는 행위, 손가락으로 머리카락을 넘기는 행위, 코를 닦거나 만지는 행위, 귀를 문지르는 행위, 여드름이나 감싸지 않은 염증 부위를 만지는 행위 등을 하지 않는다.

② 더러운 작업복을 입는 행위, 기침을 하거나 재채기를 하는 행위, 작업장에 침을 뱉는 행위 등은 식품오염을 가능하게 하는 행동으로 하지 않는다.

③ 깨끗한 모자 또는 머리 덮개와 깨끗한 작업복을 착용해야 한다.

④ 식품준비 구역을 벗어날 때는 항상 앞치마를 벗어둔다.

⑤ 작업 중 손과 팔에 장식품을 착용하지 않는다.

⑥ 적절하고 깨끗하며 앞부분이 막힌 작업화를 착용한다.

2 식중독의 종류, 특성 및 예방방법

식중독(food poisoning)이란 식품 섭취로 인하여 유해한 미생물 또는 유독 물질에 의하여 발생하였거나 발생한 것으로 판단되는 감염성 질환 또는 독소형 질환으로써 급성 위장염을 주된 증상으로 하는 건강 장해를 말한다.

구분	경구 감염병(소화기계 감염병)	세균성 식중독
필요한 균량	소량의 균이라도 숙주 체내에 증식하여 발생	대량의 생균, 증식 과정에서 생성된 독소에 의해 발생
감염	오염된 물질에 의한 2차 감염 진행	종말 감염, 원인식품에 의해서만 감염해 발생
잠복기	일반적으로 김	경구 감염병에 비해 짧음
면역	면역력이 생기는 것이 많음	면역성이 없음

TIP▷ 경구 감염병의 종류

장티푸스, 유행성간염, 콜레라, 세균성이질, 파라티푸스, 디프테리아, 성홍열, 급성 회백수염

❶ 세균성 식중독

① 감염형 식중독 : 세균이 직접적으로 식중독의 원인이 되는 식중독을 말한다.

살모넬라 (salmonella)균	• 통조림을 제외한 어패류, 육가공류, 육류 등 거의 모든 식품에 의해 감염 • 쥐, 파리, 바퀴에 의해 발생 • 증상 : 24시간 이내 발병하며 급성 위장염 • 예방 : 62~65℃에서 30분간, 70℃에서 3분간 가열에 사멸
장염 비브리오 (vibrio)균	• 여름철 어패류, 해조류에 의해 감염 • 증상 : 구토, 상복부의 복통, 발열, 설사 • 예방 : 60℃에서 15분, 100℃에서 수분 내 가열에 사멸
병원성 대장균	• 환자나 보균자의 분변 등에 의해 감염 • 증상 : 설사, 식욕부진, 구토, 복통 등이며 치사율은 거의 없음 • 그람음성균이며 무아포 간균, 대장균 O−157이 대표적 • 분변오염의 지표가 됨 • 예방 : 75℃에서 3분간 가열에 사멸

② 독소형 식중독 : 세균이 분비하는 독소가 식중독의 원인이 되는 식중독을 말한다.

포도상구균	• 크림빵, 김밥, 도시락 등이 주원인 식품이며 봄·가을철에 많이 발생 • 황색포도상구균에 의해 발생하며 조리사의 화농병소와 관련 • 독소 : 엔테로톡신 • 잠복기 : 평균 3시간 • 증상 : 구토, 복통, 설사 • 황색포도상구균은 열에 약하나 엔테로톡신은 내열성이 강해 식중독 예방이 어려움 (100℃에서 30분간 가열해도 파괴되지 않음)
보툴리누스균	• 병조림, 통조림, 소시지, 훈염품 등의 원재료에서 발아·증식 • 독소 : 뉴로톡신(신경독) • 증상 : 구토 및 설사, 호흡곤란, 신경 마비 등 • 세균성 식중독 중 치사율 가장 높음 • 예방 : 균은 100℃에서 6시간 가열 시 겨우 살균되며 뉴로톡신은 80℃에서 30분 간 가열로 파괴됨
웰치(welch)균	• 사람의 분변이나 토양에 분포 • 독소 : 엔테로톡신 • 증상 : 심한 설사, 복통 등 • 웰치균은 내열성이 강하며 아포는 100℃에서 4시간 가열 시에도 살아남음

❷ 자연성 식중독

① 식물성 식중독

식품	독성분	식품	독성분
감자	솔라닌	독미나리	시큐톡신
면실유(목화씨)	고시폴	고사리	브렉큰 펀 톡신
청매, 은행, 살구씨	아미그달린	독버섯	무스카린
땅콩	플라톡신	수수	두린

② 동물성 식중독

식품	독성분
복어	테트로도톡신
모시조개, 굴, 바지락	베네루핀
섭조개, 대합	삭시톡신
말고동	스루가톡신

❸ 화학성 식중독

① 유해첨가물

방부제	붕산, 포름알데히드(포르말린), 우로트로핀, 승홍($HgCl_2$)
인공 착색료	아우라민(황색 합성색소), 로다민 B(핑크색 합성색소)
감미료	사이클라메이트, 둘신, 페릴라르틴, 에틸렌글리콜, 사이클라민산나트륨, 파라니트로올소톨루이딘
표백제	삼염화질소, 롱가리트

② 중금속에 의한 식중독

납(Pb)	• 도료, 안료, 농약 등에서 오염 • 증상 : 적혈구의 혈색소 감소, 체중 감소, 신장장애, 칼슘대사 이상, 호흡장애
수은(Hg)	• 유기 수은에 오염된 해산물 섭취로 발병 • 증상 : 미나마타병으로 구토, 복통, 설사, 위장 장애, 전신 경련 등
카드뮴(Cd)	• 용기나 도구에 도금된 카드뮴 성분에 의해 발병 • 증상 : 이타이이타이병으로 신장장애, 골연화증 등
비소(As)	• 밀가루 등으로 오인하고 섭취하여 발병 • 증상 : 구토, 위통, 경련 일으키는 급성 중독과 습진성 피부질환

3 감염병의 종류, 특징 및 예방방법

세균, 리케차, 바이러스, 진균, 원충 등의 병원체가 인간이나 동물에 침입하여 증식함으로써 일어나는 질병을 감염병이라 한다.

❶ 감염병 발생의 3대 요소

병원체(감염원)	감염병의 병원체를 내포하고 있어 감수성 숙주에게 병원체를 전파시킬 수 있는 근원이 되는 모든 것
환경(감염경로)	병원체가 감수성 숙주에 도달할 때까지의 경로
인간(감수성 숙주)	감수성이 높으면 면역성이 낮으므로 질병이 발병하기 쉬움

❷ 감염병의 발생 과정

병원체	질병의 직접적인 원인이 되는 미생물 예 세균, 바이러스, 리케차, 스피로헤타, 기생충 등
병원소	병원체가 생존, 증식을 계속하여 인간에게 전파될 수 있는 상태로 저장되는 곳 예 사람, 동물, 토양 등

❸ 감염병의 분류

① 병원체에 따른 분류

세균	장티푸스, 파라티푸스, 콜레라, 세균성이질, 성홍열, 디프테리아 등
바이러스	급성회백수염(소아마비, 폴리오), 유행성간염, 감염성설사증, 홍역 등
리케차	발진티푸스, 발진열 등
원충류	아메바성이질, 말라리아 등

② 침입경로에 따른 분류

호흡기계	결핵, 폐렴, 백일해, 홍역, 수두, 천연두 등
소화기계	세균성이질, 콜레라, 장티푸스, 파라티푸스, 폴리오 등

4 경구 감염병

경구 감염병은 식품, 손, 물, 위생동물, 식기류 등에 의해 세균이 입을 통하여 체내로 침입하는 소화기계 감염병이다. 종류는 콜레라, 장티푸스, 파라티푸스, 세균성이질, 디프테리아, 성홍열, 급성회백수염(소아마비, 폴리오), 유행성간염, 감염성설사증 등이 있다.

❶ 세균성 경구 감염병

장티푸스	특징	우리나라에서 가장 많이 발생하는 급성감염병, 감염 이후에 강한 면역력 생성, 사망률 10~20%
	감염경로	환자, 보균자와의 직접적인 접촉 또는 식품을 매개로 한 간접 접촉
	감염원	환자, 보균자의 분변, 소변 등
	잠복기	7~14일
장티푸스	증상	두통, 40℃ 전후의 고열, 오한, 백혈구 감소 등을 일으키는 급성 전신성 열성질환

세균성이질	특징	파리(중요한 매개체)
	감염경로	이질균을 배출하는 설사 환자가 식품이나 음료수를 오염시켜 경구 감염
	감염원	환자, 보균자의 분변
	잠복기	2~3일
	증상	오한, 발열, 복통, 설사, 혈변 등
콜레라	특징	사망의 원인은 탈수증, 항생제 투여로 완치 가능
	감염경로	환자에게서 배출된 균이 해수, 음료수, 식품 등에 오염되어 경구적으로 오염
	감염원	환자, 보균자의 분변, 구토물
	잠복기	10시간~5일
	증상	설사와 구토로 인한 탈수증, 체온저하, 피부건조

❷ 바이러스성 경구 감염병

유행성간염	특징	집단발생으로 나타내는 급성 바이러스성 간염
	감염경로	분변을 통한 경구 감염, 손에 의한 식품의 오염
	감염원	환자, 보균자의 분변
	잠복기	20~25일
	증상	발열, 두통, 복통, 식욕부진, 황달
급성회백수염	특징	처음에는 감기증상으로 시작, 열이 내릴 때 마비가 시작
	감염경로	감염자의 분변에서 배출된 바이러스에 오염된 음식물을 통한 경구 감염
	감염원	환자, 불현성 감염자의 분변
	잠복기	7~12일
	증상	발열, 두통, 현기증, 근육통, 사지마비
감염성설사증	특징	면역성 없음, 감염 설사증 바이러스에 의해 감염
	감염경로	식품이나 음료수의 오염을 거쳐 경구 감염
	감염원	환자의 분변
	잠복기	2~3일
	증상	메스꺼움, 복부 팽만감, 수양성 설사

❸ 원충성 감염병

아메바성이질	**특징**	원충에 의한 감염으로 면역이 없어 예방접종이 필요 없음
	감염경로	환자나 낭포 보유자의 분변 중 배출된 원충이나 낭포가 채소나 음료수를 거쳐 경구 감염
	잠복기	3~4일
	증상	세균성이질보다 설사나 복통 증상이 약함

5 인수공통감염병

인간과 척추동물 사이에 자연적으로 전파되는 질병으로 같은 병원체에 의해 똑같이 발생하는 감염병을 말한다.

❶ 병원체별 구분

세균성	탄저, 결핵, 살모넬라증, 이질, 브루셀라증, 리스테리아증, 야토병 등
바이러스성	광견병, 일본뇌염, 뉴캐슬병, 황열 등

❷ 병원소별 구분

탄저병	소, 말, 양 등의 포유동물
야토병	산토끼, 양 등
파상열(브루셀라증)	소, 돼지, 산양, 개, 닭 등
결핵	소, 산양 등
Q열	쥐, 소, 양 등
돈단독	돼지

6 법정감염병

제1급	생물테러감염병 또는 치명률이 높거나 집단 발생의 우려가 커서 발생 또는 유행 즉시 신고하여야 하고, 음압격리와 같은 높은 수준의 격리가 필요한 감염병	에볼라바이러스병, 마버그열, 페스트, 탄저, 야토병, 보툴리눔독소증, 신종감염병증후군, 중동호흡기증후군, 신종인플루엔자, 디프테리아 등

제2급	전파가능성을 고려하여 발생 또는 유행 시 24시간 이내에 신고하여야 하고, 격리가 필요한 감염병	결핵, 수두, 홍역, 콜레라, 장티푸스, 파라티푸스, 세균성이질, 장출혈성대장균감염증, A형간염, 백일해, 풍진, 폴리오, 한센병, 성홍열 등
제3급	그 발생을 계속 감시할 필요가 있어 발생 또는 유행 시 24시간 이내에 신고하여야 하는 감염병	파상풍, B형간염, 일본뇌염, 말라리아, 발진티푸스, 비브리오패혈증, 쯔쯔가무시증, 큐열, 뎅기열, 매독, 엠폭스(MPOX) 등
제4급	제1급감염병부터 제3급감염병까지의 감염병 외에 유행 여부를 조사하기 위하여 표본감시 활동이 필요한 감염병	인플루엔자, 회충증, 편충증, 요충증, 간흡충증, 수족구병, 코로나바이러스감염증-19 등

7 감염병의 예방 대책

❶ 감염원에 대한 대책

① 환자를 조기 발견한 후 격리하여 치료한다.
② 일반 및 유흥음식점에서 일하는 종사자들은 정기적인 건강진단이 필요하다.
③ 환자가 발생하면 접촉자의 대변을 검사하고 보균자를 관리하며 보균자의 식품 취급을 금한다.
④ 오염이 의심되는 식품은 수거하여 검사기관에 보내 의뢰한다.

❷ 인수공통감염병의 예방

① 가축의 예방접종을 실시한다.
② 우유의 멸균처리를 철저하게 하며 이환된 동물의 고기는 폐기한다.
③ 감염된 동물을 격리하며 도살장 검사를 철저히 한다.
④ 외국으로부터 유입되는 가축은 항구나 공항 등에서 철저한 검역을 거친다.

8 기생충 감염

❶ 채소로부터 감염되는 기생충

회충	• 소장에서 기생하며 경구로 감염됨
요충	• 대장에서 기생하며 경구로 감염됨 • 항문 주위에 산란하므로 항문 주위에 소양증이 생김
편충	• 대장에서 기생하며 경구로 감염됨
구충	• 소장에서 기생하며 경피 또는 경구로 감염됨
동양모양선충	• 소장에서 기생하며 경구로 감염됨

❷ 어패류로부터 감염되는 기생충

종류	제1중간숙주	제2중간숙주
간흡충(간디스토마)	왜우렁이	담수어
폐흡충(폐디스토마)	다슬기	가재, 민물 게
요코가와흡충	다슬기	담수어, 잉어, 은어
광절열두조충(간촌충)	물벼룩	연어, 송어
아니사키스	크릴새우	연안어류

❸ 수육으로부터 감염되는 기생충

무구조충	소	유구조충	돼지
톡소플라스마	고양이, 돼지, 개	선모충	돼지, 개

❹ 기생충 예방법

① 육류나 어패류를 날 것으로 먹지 않는다.
② 야채류는 희석시킨 중성세제로 세척 후 흐르는 물에 5회 이상 씻는다.
③ 개인위생관리를 철저히 하며 조리기구는 잘 소독하여 사용한다.

03 ▶ 환경위생관리

1 작업환경위생관리

❶ 작업장 위생관리

① 작업장 바닥은 파여 있거나 갈라진 틈이 없어야 하며 필요한 경우를 제외하고 마른 상태를 유지한다.
② 배수로는 폐수를 폐수처리시설로 이동시키는 공간으로 작업장 외부 등에 폐수가 교차 오염되지 않도록 덮개를 설치하고 배수로에 퇴적물이 쌓이지 않도록 한다.
③ 작업장 내에 분리된 공간은 오염된 공기를 배출하기 위해 환풍기 등과 같은 강제 환기시설을 설치해야 한다.
④ 누수와 외부의 오염물질이나 곤충, 설치류 등의 유입을 차단할 수 있도록 밀폐 가능한 구조여야 한다.
⑤ 화장실은 휴게 장소가 있는 곳으로 남녀 화장실이 분리되어야 하며 생산 장소에 근접해야 한다.

❷ 작업장 주변관리

① 문이나 창문은 밀폐되거나 꼭 맞는 방충망이 설치되어 있는지 확인하며 방충망이 찢어지거나 구멍이 난 곳이 있는지 확인한다.
② 사용수의 경우 매일 살균, 소독, 여과 등 정수 처리 상태를 확인한다.
③ 배수로는 청결 구역에서 일반 구역으로 흐르도록 설치하여야 한다.
④ 공기의 흐름은 청결 구역에서 일반 구역으로 향하게 하고 환풍구에는 오염된 공기의 유입을 막기 위해 방충망 등을 부착한다.
⑤ 작업 도중 발생된 폐기물은 2차 오염이 되지 않도록 일정 장소에 보관 후 배출한다.

❸ 생산 공장의 입지

① 환경 및 주위가 깨끗한 곳이어야 한다.
② 양질의 물을 충분히 얻을 수 있는 곳이어야 한다.
③ 폐수 및 폐기물 처리가 용이한 곳이어야 한다.

❹ 공장 시설의 효율적인 배치

① 작업용 바닥면적은 그 장소를 이용하는 사람들의 수에 따라 달라진다.
② 공장의 모든 업무가 효과적으로 진행되기 위한 기본은 주방의 위치와 규모에 대한 설계이다.

❺ 주방의 설계

① 작업의 동선을 고려하여 설계, 시공하여야 한다.
② 작업 테이블은 작업의 효율성을 높이기 위하여 주방의 중앙부에 설치하는 것이 좋다.
③ 종업원의 출입구와 손님용 출입구는 별도로 한다.
④ 가스를 사용하는 작업장에는 환기시설을 갖춘다.
⑤ 벽면은 매끄럽고 청소하기 편리해야 한다.
⑥ 바닥은 미끄럽지 않고 배수가 잘되어야 한다.
⑦ 방충·방서용 금속망은 30메시(mesh)가 적당하며 공장 배수관의 최소 내경은 10cm이다.

❻ 공장의 조도

작업 내용	표준조도(Lux)	한계조도(Lux)
포장, 장식 등 수작업에 의한 마무리작업	500	500~700
계량, 반죽, 조리, 정형	200	150~300
기계작업에 의한 굽기, 포장, 장식작업	100	70~150
발효	50	30~70

2 **소독제**

❶ 살균

미생물을 사멸시키는 것을 살균작용이라 한다.

멸균	모든 미생물을 사멸시켜 완전한 무균 상태로 만드는 것
소독	감염병의 감염을 방지할 목적으로 병원균을 멸살하는 것
방부	식품 내 미생물의 성장, 증식을 억제하여 부패나 발효를 저지시키는 것

TIP▷ 살균 작용의 정도

멸균 〉 소독 〉 방부

❷ 물리적인 방법(열처리법)

건열멸균법	• 건열멸균기 이용 • 170℃에서 1~2시간 가열하는 방법 • 유리기구, 주사침 등 소독
고압증기멸균법	• 고압증기멸균기 이용 • 121℃에서 20분간 살균하는 방법 • 통조림, 거즈 등 소독
저온장시간살균법 (LTLT법)	• 61~65℃에서 30분간 가열하는 방법 • 유제품, 건조과실 등 소독 • 영양소의 파괴 가장 적음
고온단시간살균법 (HTST법)	• 70~75℃에서 15~30초간 살균하는 방법 • 우유 등 소독
초고온단시간살균법 (UHT법)	• 130~140℃에서 0.5~5초간 살균하는 방법 • 영양 손실 적음

❸ 물리적인 방법(비가열처리법)

자외선 멸균법	• 2,500~2,800Å(250~280nm)의 자외선 사용(살균력 높음) • 집단급식시설이나 식품 공장의 실내 공기 소독, 조리대의 소독 등 작업공간의 살균 적합
방사선 멸균법	• Co^{60}(코발트 60) 등의 방사선을 방출하는 물질 조사

TIP▷

• Å(옴스트롱) : 빛이나 전자기 방사선의 파장을 나타내는 길이의 단위
• nm(나노미터) : 길이의 단위로 옴스트롱을 대신하여 사용

❹ 화학적인 방법(소독약)

염소	• 수돗물 소독에 이용 • 자극성 금속의 부식으로 트리할로메탄 발생 가능
차아염소산나트륨	• 음료수, 조리기구, 조리시설 등의 소독에 이용
석탄산(페놀)용액	• 소독제의 살균제 지표 • 평균 3% 수용액으로 사용 • 음료수나 식품을 제외한 손, 의류, 오물, 조리기구 등의 소독에 이용
역성비누	• 원액을 200~400배 희석 • 손, 식품, 조리기구 등의 소독에 사용
과산화수소	• 3% 수용액 • 피부, 상처소독에 사용
알코올	• 70% 수용액 • 금속, 유리, 조리기구, 손소독에 사용
크레졸 비누액	• 석탄산보다 소독력이 2배 강함 • 50% 비누액에 1~3% 수용액을 섞음 • 오물 소독, 손 소독 등에 사용
포르말린	• 30~40% 수용액 • 오물 소독에 사용

3 미생물의 종류와 특징 및 예방방법

❶ 식품의 변질에 영향을 미치는 미생물의 번식조건

① 온도 : 식품의 온도에 따라서 증식하는 균류

저온균	0~20℃에서 번식, 10~15℃ 최적온도, 수중 세균
중온균	20~40℃에서 번식, 병원성 세균, 식품 부패 세균
고온균	50~70℃에서 번식, 온천수 세균

② pH : 식품의 pH에 따라서 증식하는 균류

pH 4~6(산성)	효모, 곰팡이
pH 6.5~7.5(약산성~중성)	일반 세균
pH 8.0~8.6(알칼리성)	콜레라균

③ 수분 : 식품의 Aw에 따라서 증식하는 균류
- 미생물의 주성분이며 생리기능을 조절하는 데 필요하다.
- 수분활성도가 세균 Aw 0.95 이하, 효모 Aw 0.87, 곰팡이 Aw 0.80일 때 증식이 억제된다.

④ 산소 : 식품의 산소 농도에 따라서 증식하는 균류

호기성균	산소가 있어야지만 증식하는 균
혐기성균	산소가 없어야지만 증식하는 균
통성혐기성균	산소에 영향을 받지 않고 증식하는 균

⑤ 영양소 : 식품의 영양 성분 중 미생물의 증식에 활용하는 영양소

탄소원	• 탄수화물, 포도당, 유기산, 알코올, 지방산에서 주로 에너지원으로 이용
질소원	• 단백질 구성요소인 아미노산을 통해 균 체외로 단백질 분해효소를 분비하여 얻음 • 세포 구성 성분에 필수적
무기염류	• 황(S)과 인(P)을 다량 요구 • 세포 구성 성분, 조절작용에 필수적
비타민 B군	• 세포 내에서 합성되지 않아 세포 외에서 흡수 • 주로 발육에 필요한 영양소

⑥ 삼투압 : 식염과 설탕에 의한 삼투압은 일반적으로 세균 증식을 억제한다.

❷ 식품 위생 미생물

① 세균

비브리오(vibrio)속	• 무아포 • 혐기성 간균 • 콜레라균, 장염 비브리오균 등
락토바실루스 (lactobacillus)속	• 간균 • 젖산균이라고도 함(당류를 발효시켜 젖산 생성)
바실루스(bacillus)속	• 호기성 간균 • 아포 형성 • 열 저항성 강함 • 전분과 단백질 분해작용을 갖는 부패세균 • 로프균 등
리케챠(rickettisa)	• 세균과 바이러스의 중간 형태 • 구형, 간형 등의 형태 • 발진열, 발진티푸스 등

TIP ▷ 로프균

제과제빵 작업 중 99℃의 내부온도에서도 생존하며 내열성이 강하여 최고 200℃에서도 죽지 않고 치사율이 높은 균이다. 산에 약해 pH 5.5의 약산성에도 모두 사멸한다.

② 진균류

곰팡이(mold)	• 식품 변패의 원인 • 유익한 곰팡이 : 누룩곰팡이(술, 된장, 간장 등 양조에 이용)
효모(yeast)	• 단세포의 진균 • 구형, 난형, 타원형 등 여러 형태를 한 미생물 • 세균보다 큼

③ 바이러스
- 미생물 중에서 가장 작은 것으로 살아있는 세포 중에서만 생존한다.
- 형태와 크기가 일정하지 않고 순수배양이 불가능하다.
- 천연두, 인플루엔자, 일본뇌염, 광견병, 소아마비 등이 있다.

4 방충·방서 관리

해로운 벌레가 침범하여 해를 끼치지 못하고 피해를 막기 위한 관리를 말한다.

❶ 방충 관리

① 배수로, 폐기물 처리장 등을 청결하게 관리한다.
② 시설 외부에 설치하는 전기충격 살충장치는 벌레를 유인하므로 출입구 부근이 아닌 다른 장소에 설치한다.
③ 실내의 포충 등은 외부의 해충을 유인하지 않도록 외부에서 잘 보이지 않는 위치에 설치한다.
④ 출입구에는 벌레를 유인하지 않는 옐로우등을 설치한다.
⑤ 건물 내부의 빛이 누출되지 않도록 한다.
⑥ 해충을 유인할 수 있는 원료는 방충 효과가 있는 용기에 밀봉하여 보관한다.
⑦ 작업장 내·외부에 설치되어 있는 에어 샤워, 방충문 등의 점검을 정기적으로 실시하며 이상 발견 시 신속히 조치한다.
⑧ 전기 충격식 살충기는 충체의 비산에 의한 오염을 방지하기 위해 작업대 근처를 피해 설치한다.
⑨ 살충제는 식품의 안정성과 적합성에 위협을 주지 않는 범위에서 사용한다.
⑩ 방제를 실시할 경우, 식품에 오염이 되지 않도록 접촉을 막는 조취를 취하며 되도록 휴일날 실시하도록 한다.
⑪ 쥐막이 시설은 식품과 사람에 대하여 오용되지 않도록 하며 적정성 여부를 확인한다.
⑫ 작업장 및 작업장 주변 소독은 외부에 의뢰하여 월 1회 이상 실시한다.

❷ 방서 관리

① 배수구와 트랩(trap)에 0.8cm 이하의 그물망을 설치한다.

② 시설 바닥의 콘크리트 두께는 10cm 이상, 벽은 15cm 이상으로 한다.

③ 문틈은 0.8cm 이하, 창의 하부에서 지상까지의 간격은 90cm 이상을 유지한다.

04 공정 점검 및 관리

1 공정의 이해 및 관리

과자류제품 공정은 먼저 공정 관리에 필요한 제품 설명서와 흐름도를 작성하고 위해 요소분석을 통해 중요 관리점을 결정하여 결정된 중요 관리점에 대한 세부적인 관리 계획을 수립하는 것이다.

❶ 가열 전 일반제조 공정

가열공정에서 생물학적 위해요소가 제어되므로, 해당 공정은 일반적인 위생관리 수준으로 관리를 해도 무방한 공정을 말한다.

① 재료의 입고 및 보관 단계

② 계량 단계

③ 배합

④ 분할 → 성형 → 팬닝

⑤ 굽기 전 충전물 주입 및 토핑

❷ 가열 후 청결제조 공정

가열 후에는 CCP1 단계가 종료되었기 때문에 일반적인 위생관리로는 부족하고 반드시 청결구역에서 보다 더 청결하게 관리가 되어야 하는 공정으로 내포장 공정까지를 청결제조 공정이라고 한다.

① 가열(굽기)공정

② 냉각

③ 굽기 후 충전물 주입 및 토핑

④ 내포장

❸ 내포장 후 일반제조 공정

내포장 후 일반제조 공정이란 포장된 상태로 제품을 취급하는 공정이기 때문에 일반적인 위생관리 수준으로 관리하는 공정을 말한다. 해당 공정 중 금속검출공정은 원재료와 부재료에서 유래될 수 있거나 제조 공정 중에 혼입될 수 있는 금속이물을 관리하기 위한 중요관리점 (CCP2)에 해당한다.
① 금속검출
② 외포장
③ 보관 및 출고

2 설비 및 기기의 종류

❶ 과자류제품 기기 및 도구의 종류

① 믹서 : 반죽을 빠르게 치대어 반복적인 늘림과 압축을 통해 밀가루 속에 있는 단백질로부터 글루텐을 발전시키거나 공기를 혼합시킬 때 사용하기 위해 고안되었다.

수직형 믹서	• 주로 소규모 제과점에서 사용 • 케이크, 빵 반죽에 이용
수평형 믹서	• 많은 양의 빵 반죽을 만들 때 사용 • 반죽의 양은 반죽통 용적의 30~60% 적당
스파이럴 믹서	• 나선형 훅 내장 • 프랑스빵, 독일빵 등 빵 반죽에 사용

② 오븐

데크 오븐	• 베이커리에서 일반적으로 사용하는 오븐 • 선반에서 독립적으로 상·하부 온도를 조절하여 제품을 구울 수 있음 • 평철판을 손으로 넣고 꺼내기 편리하며, 제품이 구워지는 상태를 눈으로 확인 가능 • 온도가 균일하게 형성되지 않는다는 단점이 있음
터널 오븐	• 대규모 생산 공장에서 대량생산을 위해 사용하는 오븐 • 반죽이 들어가는 입구와 출구가 다름 • 반죽이 터널을 통과하는 동안 온도가 다른 몇 개의 구역을 지나가며 굽기 완성
컨벡션 오븐	• 오븐의 실내 속에서 뜨거워진 공기를 팬을 사용하여 강제 순환 • 굽는 반죽 위에 차가운 공기층이 형성되는 것을 막기 때문에 빵이나 케이크에 좀 더 직접적으로 전달하는 형식
로터리 래크 오븐	• 구울 팬을 래크의 선반에 끼워 래크 채로 오븐에 넣어 구우면 래크가 시계 방향으로 회전하면서 구워지기 때문에 열전달이 고름 • 내부 공간이 커서 많은 양의 제품을 구울 수 있으므로 주로 소규모 공장이나 대형 매장, 호텔 등에서 사용

③ 튀김기 : 빵류와 과자류 제조 공정에서 공통적으로 사용하며 제품별로 튀기기 온도가 다르기 때문에 온도 조절 장치가 부착되어 있다. 주로 도넛과 같은 튀김 빵·과자류에 사용한다.
④ 파이롤러 : 롤러의 간격을 점차 좁게 조절하여 반죽의 두께를 조절하면서 반죽을 밀어 펼 수 있는 기계로 파이(페이스트리) 등을 만들 때 많이 사용하므로 냉장고, 냉도고 옆에 위치하는 것이 가장 적합하다.

TIP ▶ 파이롤러를 사용하여 제조 가능한 제품들

쇼트브레드 쿠키, 케이크 도넛, 퍼프 페이스트리

⑤ 스크래퍼 : 반죽을 분할하고 모으며 작업대에 들러붙은 반죽을 떼어낼 때 사용하는 도구
이다.

⑥ 고무주걱 : 믹싱볼이나 비터, 거품기에 붙은 반죽을 긁어내거나 반죽 윗면을 평평하게 고
를 때, 반죽을 짤주머니로 옮길 때 사용한다.

⑦ 스패튤러 : 케이크 등을 아이싱할 때 사용하는 도구이다.

⑧ 케이크 돌림판 : 케이크류를 올려놓고 아이싱 작업을 할 때 사용한다.

⑨ 스파이크 롤러 : 롤러에 가시가 박힌 것으로 밀어편 퍼프 페이스트리의 반죽에 골고루 구
멍을 낼 때 사용한다.

⑩ 디핑 포크 : 작은 초콜릿 셸(shell)을 코팅하기 위해 템퍼링한 초콜릿에 담갔다 건질 때 사
용하는 도구이다.

⑪ 온도계 : 재료, 반죽 또는 제품의 온도를 측정하는 계측기로 온도계마다 측정 온도 범위가
있으므로 용도에 맞는 기기를 선택하여 사용한다.

⑫ 전자저울 : 용기를 저울에 올려놓고 영점(零點)을 맞출 수 있기 때문에 실제 계량하고자
하는 재료의 무게만을 측정할 수 있다.

⑬ 짤주머니 : 슈 크림, 쿠키 반죽, 다양한 크림류, 아이싱 등을 채워 넣고 짜내는 도구이다.

⑭ 모양깍지 : 여러 가지 모양의 선이나 모양을 짜 놓을 때 쓰는 도구로, 파이핑 튜브라고도
한다.

⑮ 붓 : 덧가루를 털거나 계란물, 시럽, 용해시킨 유지 등을 칠하는 데 사용한다.

5 설비 및 기기의 위생, 안전 관리

❶ 설비 관리

① 작업대는 부식성이 없는 스테인리스 재질로 설비하고 스테인리스 용기, 기구는 중성세제
를 이용하여 세척, 열탕소독, 약품소독(화학소독)을 사용 전·후에 실시한다.

② 냉동실은 영하 18℃ 이하, 냉장실은 5℃ 이하의 적정 온도를 유지하고 주 1회 세정, 소독
하며 정기적으로 성에 제거를 진행한다.

③ 믹싱볼과 부속품은 분리 후 중성 세제 또는 약알칼리성 세제를 이용하여 세정 후 건조하여
보관한다. 믹서 기계의 청소 시 모터에 물이 들어가지 않도록 한다.

④ 오븐은 오븐 클리너를 사용하여 그을음을 제거하고 부패를 방지하기 위해 주 2회 청소
한다.

⑤ 파이롤러의 경우, 사용 후 윗부분의 이물질을 깨끗하게 제거하고 청소를 철저하게 진행해
야 세균의 번식을 막을 수 있다.

⑥ 화구가 막혔을 경우 철사로 구멍을 뚫고, 가스가 새어나오지 않도록 가스 코크와 공기조절
기 등을 점검한다.

⑦ 튀김기에 따뜻한 비눗물을 가득 붓고 10분간 끓인 후 내부를 깨끗하게 세척하고 건조시켜 뚜껑을 닫아 보관한다.

❷ 기기 및 소도구 관리

① 상온의 진열대는 제품을 진열하기 전, 후에 항상 깨끗하게 관리한다.

② 제품을 진열대에 놓을 경우, 상온의 먼지나 세균에 노출될 수 있으므로 뚜껑을 덮어 보관하거나 포장하여 진열한다.

③ 쇼케이스의 온도는 10℃ 이하를 유지하고 문틈에 쌓인 찌꺼기를 제거하여 청결하게 유지한다.

④ 에어컨 필터는 주 1회 중성 세제를 이용하여 세척 후 건조시켜 사용한다.

⑤ 제품을 집는 집게와 쟁반 등 제품에 직접적으로 닿는 기구들은 철저하게 세척, 소독하여 사용한다. 쟁반 위에는 일회용 종이를 깔고 사용한다.

⑥ 일회용 비닐장갑은 사용 후 반드시 폐기한다.

⑦ 케이크 틀, 쿠키 틀 등은 녹슬지 않도록 관리하며 기름때가 있는 상태로 보관하지 않는다.

⑧ 소기구류(칼, 도마, 행주)는 중성세제, 약알칼리세제를 사용하여 세척 후 바람이 잘 통하고 햇볕 잘 드는 곳에 1일 1회 이상 소독한다.

문제편

CBT(Compter Based Test)

2017년부터 모든 기능사 필기시험은 시험장의 컴퓨터를 통해 이루어집니다. 화면에 나타난 문제를 풀고 마우스를 통해 정답을 표시하여 모든 문제를 다 풀었는지 한 번 더 확인한 후 답안을 제출하고, 제출된 답안은 감독자의 컴퓨터에 자동으로 저장되는 방식입니다. 처음 응시하는 학생들은 시험 환경이 낯설어 실수할 수 있으므로, 반드시 사전에 CBT 시험에 대한 충분한 연습이 필요합니다.

■ Q-Net 홈페이지의 CBT 체험하기

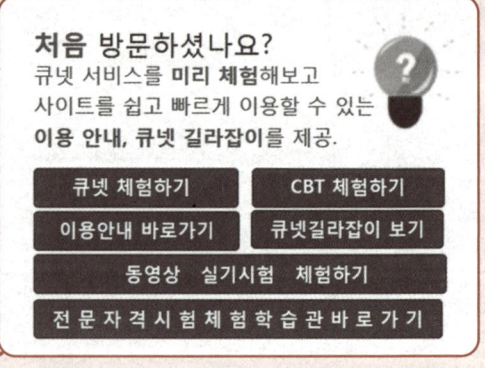

■ CBT 시험을 위한 모바일 모의고사

① QR코드 스캔 → 도서 소개화면에서 '모바일 모의고사' 터치
② 로그인 후 '실전모의고사' 회차 선택
③ 스마트폰 화면에 보이는 문제를 보고 정답란에 정답 체크
④ 문제를 다 풀고 채점하기 터치 → 내 점수, 정답, 오답, 해설 확인 가능

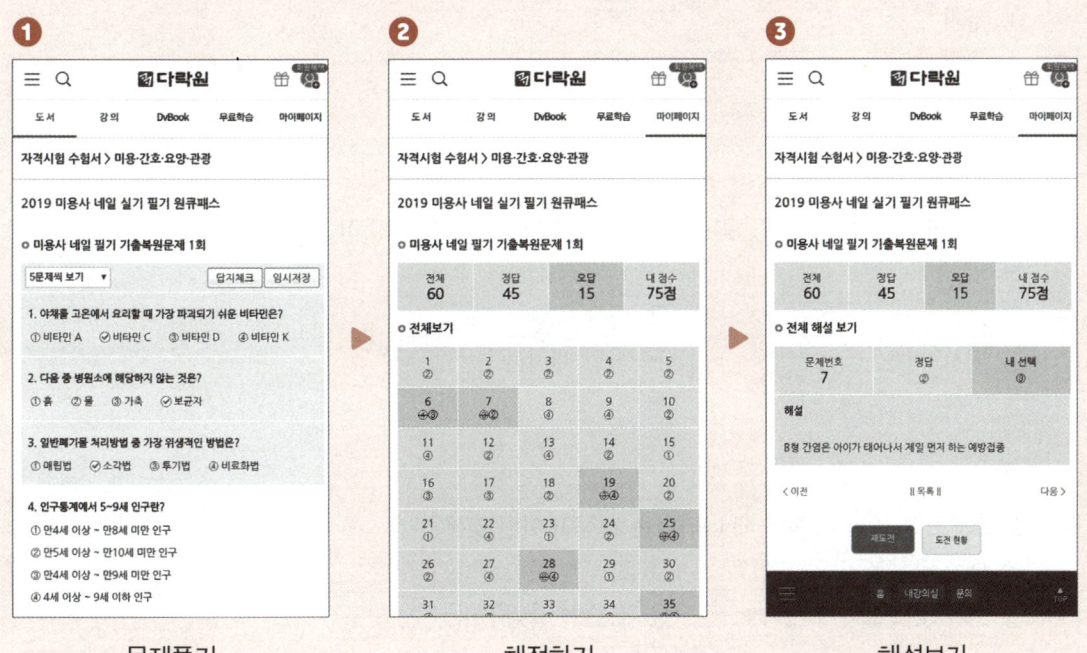

문제풀기   채점하기   해설보기

제과기능사 필기 빈출 문제 ❶

수험번호 :

수험자명 :

⏱ 제한 시간 : 60분
남은 시간 : 60분

 QR코드를 스캔하면 스마트폰을 활용한 모바일 모의고사를 이용할 수 있습니다.

전체 문제 수 : 60
안 푼 문제 수 :

답안 표기란				
1	①	②	③	④
2	①	②	③	④
3	①	②	③	④
4	①	②	③	④
5	①	②	③	④

1 어떤 과자반죽의 비중을 측정하기 위하여 다음과 같이 무게를 알았다면 이 반죽의 비중은?(단, 비중컵=50g, 비중컵+물=250g, 비중컵+반죽=170g)

① 0.40
② 0.60
③ 0.68
④ 1.47

2 케이크 제품평가 시 외부적 특성이 아닌 것은?

① 부피
② 껍질
③ 균형
④ 방향

3 공장 설비 중 제품의 생산능력은 어떤 설비가 가장 중요한 기준이 되는가?

① 오븐
② 발효기
③ 믹서
④ 작업 테이블

4 도넛 제조 시 수분이 적을 때 나타나는 결점이 아닌 것은?

① 팽창이 부족하다.
② 혹이 튀어나온다.
③ 형태가 일정하지 않다.
④ 표면이 갈라진다.

5 스펀지 케이크 400g짜리 완제품을 만들 때 굽기 손실이 20%라면 분할 반죽의 무게는?

① 600g
② 500g
③ 400g
④ 300g

6 다음 쿠키 중 반죽형이 아닌 것은?

① 드롭 쿠키　　　② 스냅 쿠키

③ 쇼트브레드 쿠키　④ 스펀지 쿠키

7 총 사용물량 500g, 수돗물 온도 20℃, 사용할 물 온도 14℃일 때, 얼음 사용량은 얼마인가?

① 30g　　　② 32g

③ 34g　　　④ 36g

8 반죽 비중에 대한 설명으로 옳지 않은 것은?

① 비중이 높으면 부피가 작아진다.

② 비중이 낮으면 부피가 커진다.

③ 비중이 낮으면 기공이 열려 조직이 거칠어진다.

④ 비중이 높으면 기공이 커지고 노화가 느리다.

9 언더 베이킹(under baking)이란?

① 낮은 온도에서 장시간 굽는 방법

② 높은 온도에서 단시간 굽는 방법

③ 윗불을 낮게, 밑불을 높게 굽는 방법

④ 윗불을 낮게, 밑불을 낮게 굽는 방법

10 젤리 롤 케이크 반죽 굽기에 대한 설명으로 틀린 것은?

① 두껍게 편 반죽은 낮은 온도에서 굽는다.

② 구운 후 철판에서 꺼내지 않고 냉각시킨다.

③ 양이 적은 반죽은 높은 온도에서 굽는다.

④ 열이 식으면 압력을 가해 수평을 맞춘다.

11 튀김기름의 품질을 저하시키는 요인으로만 나열된 것은?

① 수분, 탄소, 질소　　　② 수분, 공기, 반복가열

③ 공기, 금속, 토코페롤　④ 공기, 탄소, 세사몰

답안 표기란

6	① ② ③ ④
7	① ② ③ ④
8	① ② ③ ④
9	① ② ③ ④
10	① ② ③ ④
11	① ② ③ ④

답안 표기란

12 ① ② ③ ④
13 ① ② ③ ④
14 ① ② ③ ④
15 ① ② ③ ④
16 ① ② ③ ④
17 ① ② ③ ④

12 당분이 있는 슈 껍질을 구울 때의 현상이 아닌 것은?

① 껍질의 팽창이 좋아진다.
② 상부가 둥글게 된다.
③ 내부에 구멍 형성이 좋지 않다.
④ 표면에 균열이 생기지 않는다.

13 도넛을 글레이즈 할 때 글레이즈의 적정한 품온은?

① 24~27℃   ② 28~32℃
③ 33~36℃   ④ 43~50℃

14 스펀지 케이크의 굽기 공정 중에 나타나는 현상이 아닌 것은?

① 공기의 팽창   ② 전분의 호화
③ 밀가루의 혼합   ④ 단백질의 응고

15 완제품 440g인 스펀지 케이크 500개를 주문받았다. 굽기 손실이 12%라면, 준비해야 할 전체 반죽량은?

① 125kg   ② 250kg
③ 300kg   ④ 600kg

16 슈 제조 시 반죽 표면을 분무 또는 침지시키는 이유가 아닌 것은?

① 껍질을 얇게 한다.   ② 팽창을 크게 한다.
③ 기형을 방지한다.   ④ 제품의 구조를 강하게 한다.

17 도넛의 흡유량이 높았을 때 그 원인은?

① 고율배합 제품이다.   ② 튀김 시간이 짧다.
③ 튀김 온도가 높다.   ④ 휴지 시간이 짧다.

18 설탕 공예용 당액 제조 시 설탕의 재결정을 막기 위해 첨가하는 재료는?

① 중조
② 주석산
③ 포도당
④ 베이킹파우더

19 다음 중 일반적으로 초콜릿에 사용되는 원료가 아닌 것은?

① 카카오버터
② 전지분유
③ 이스트
④ 레시틴

20 엔젤 푸드 케이크 제조 시 팬에 사용하는 이형제로 가장 적합한 것은?

① 쇼트닝
② 밀가루
③ 라드
④ 물

21 다음 중 전분을 분해하는 효소는?

① 리파아제
② 아밀라아제
③ 프로테아제
④ 말타아제

22 식품 향료에 관한 설명 중 틀린 것은?

① 수용성 향료는 내열성이 약하다.
② 유성 향료는 내열성이 강하다.
③ 유화 향료는 내열성이 좋지 않다.
④ 분말 향료는 향료의 휘발 및 변질을 방지하기 쉽다.

23 다음 중 신선한 달걀의 특징은?

① 난각 표면에 광택이 없고 선명하다.
② 난각 표면이 매끈하다.
③ 난각에 광택이 있다.
④ 난각 표면에 기름기가 있다.

답안 표기란
18 ① ② ③ ④
19 ① ② ③ ④
20 ① ② ③ ④
21 ① ② ③ ④
22 ① ② ③ ④
23 ① ② ③ ④

24 유지에 알칼리를 가할 때 일어나는 반응은?

① 가수분해 　　　　　② 비누화

③ 에스테르화 　　　　④ 산화

25 동물의 가죽이나 뼈 등에서 추출하며 안정제로 사용되는 것은?

① 젤라틴 　　　　　　② 한천

③ 펙틴 　　　　　　　④ 카라기난

26 과일 파이의 충전물용 농후화제로 사용하는 전분은 설탕을 함유한 시럽의 몇 %를 사용하는 것이 가장 적당한가?

① 12~14% 　　　　　② 17~19%

③ 6~10% 　　　　　　④ 1~2%

27 알파 아밀라아제(α-amylase)에 대한 설명으로 틀린 것은?

① 베타 아밀라아제(β-amylase)에 비하여 열안정성이 크다.

② 당화효소라고도 한다.

③ 전분의 내부 결합을 가수분해할 수 있어 내부 아밀라아제라고도 한다.

④ 액화효소라고도 한다.

28 데니시 페이스트리에 사용하는 유지에서 가장 중요한 성질은?

① 유화성 　　　　　　② 가소성

③ 안정성 　　　　　　④ 크림성

29 초콜릿을 템퍼링 한 효과에 대한 설명 중 틀린 것은?

① 입안에서의 용해성이 나쁘다.

② 광택이 좋고 내부 조직이 조밀하다.

③ 팻 블룸(fat bloom)이 일어나지 않는다.

④ 안정한 결정이 많고 결정형이 일정하다.

답안 표기란

24	① ② ③ ④
25	① ② ③ ④
26	① ② ③ ④
27	① ② ③ ④
28	① ② ③ ④
29	① ② ③ ④

30 과자 반죽의 믹싱 완료 정도를 파악할 때 사용되는 항목으로 적합하지 않은 것은?

① 반죽의 비중
② 글루텐의 발전 정도
③ 반죽의 점도
④ 반죽의 색

31 글루텐의 구성 물질 중 반죽을 질기고 탄력성 있게 하는 물질은?

① 글리아딘
② 글루테닌
③ 메소닌
④ 알부민

32 달걀의 특징적 성분으로 지방의 유화력이 강한 성분은?

① 레시틴(lecithin)
② 스테롤(sterol)
③ 세팔린(cephalin)
④ 아비딘(avidin)

33 우유의 단백질 중에서 열에 응고되기 쉬운 단백질은?

① 카제인
② 락토알부민
③ 리포프로테인
④ 글리아딘

34 제과에 많이 쓰이는 "럼주"의 원료는?

① 옥수수 전분
② 포도당
③ 당밀
④ 타피오카

35 유지의 기능이 아닌 것은?

① 감미제
② 안정화
③ 가소성
④ 유화성

36 술에 대한 설명으로 틀린 것은?

① 달걀 비린내, 생크림의 비린 맛 등을 완화시켜 풍미를 좋게 한다.
② 양조주란 곡물이나 과실을 원료로 하여 효모로 발효시킨 것이다.
③ 증류주란 발효시킨 양조주를 증류한 것이다.
④ 혼성주란 증류주를 기본으로 하여 정제당을 넣고 과실 등의 추출물로 향미를 낸 것으로 대부분 알코올 농도가 낮다.

답안 표기란

30	① ② ③ ④
31	① ② ③ ④
32	① ② ③ ④
33	① ② ③ ④
34	① ② ③ ④
35	① ② ③ ④
36	① ② ③ ④

37 다음 중 코팅용 초콜릿이 갖추어야 하는 성질은?

① 융점이 항상 낮은 것

② 융점이 항상 높은 것

③ 융점이 겨울에는 높고, 여름에는 낮은 것

④ 융점이 겨울에는 낮고, 여름에는 높은 것

38 튀김기름에 스테아린(stearin)을 첨가하는 이유에 대한 설명으로 틀린 것은?

① 기름의 침출을 막아 도넛 설탕이 젖는 것을 방지한다.

② 유지의 융점을 높인다.

③ 도넛에 설탕이 붙는 점착성을 높인다.

④ 경화제(hardener)로 튀김기름의 3~6%를 사용한다.

39 화학적 팽창에 대한 설명으로 잘못된 것은?

① 효모보다 가스 생산이 느리다.

② 가스를 생산하는 것은 탄산수소나트륨이다.

③ 중량제로 전분이나 밀가루를 사용한다.

④ 산의 종류에 따라 작용 속도가 달라진다.

40 우유를 살균할 때 고온단시간살균법(HTST)으로서 가장 적합한 조건은?

① 72℃에서 15초 처리

② 75℃ 이상에서 15분 처리

③ 130℃에서 2~3초 이내 처리

④ 62~65℃에서 30분 처리

41 포도당과 결합하여 젖당을 이루며 뇌신경 등에 존재하는 당류는?

① 과당(fructose)　　　　② 만노오스(mannose)

③ 리보오스(ribose)　　　④ 갈락토오스(galactose)

42 이당류에 속하는 것은?

① 유당

② 갈락토오스

③ 과당

④ 포도당

43 순수한 지방 20g이 내는 열량은?

① 80kcal

② 140kcal

③ 180kcal

④ 200kcal

44 유당불내증의 원인은?

① 대사과정 중 비타민 B군의 부족

② 변질된 유당의 섭취

③ 우유 섭취량의 절대적인 부족

④ 소화액 중 락타아제의 결여

45 단순단백질이 아닌 것은?

① 프롤라민

② 헤모글로빈

③ 글로불린

④ 알부민

46 스펀지 케이크를 먹었을 때 가장 많이 섭취하게 되는 영양소는?

① 무기질

② 지방

③ 당질

④ 단백질

47 우유를 섞어 만든 빵을 먹었을 때 흡수할 수 있는 주된 단당류는?

① 과당, 포도당

② 포도당, 갈락토오스

③ 자일리톨, 포도당

④ 만노오스, 과당

답안 표기란

42	① ② ③ ④
43	① ② ③ ④
44	① ② ③ ④
45	① ② ③ ④
46	① ② ③ ④
47	① ② ③ ④

48 S-S- 결합을 가지고 있는 아미노산은?

① 라이신   ② 시스틴

③ 메티오닌   ④ 히스티딘

49 다음 중 3당류에 속하는 당은?

① 맥아당   ② 갈락토오스

③ 라피노오스   ④ 스타키오스

50 다음 중 복합지질에 속하지 않는 것은?

① 왁스   ② 인지질

③ 당지질   ④ 세팔린

51 식기나 기구의 오용으로 구토, 경련, 설사, 골연화증의 증상을 일으키며, '이타이이타이병'의 원인이 되는 유해성 금속 물질은?

① 비소(As)   ② 아연(Zn)

③ 카드뮴(Cd)   ④ 수은(Hg)

52 일반 세균이 잘 자라는 pH 범위는?

① 2.0 이하   ② 2.5~3.5

③ 4.5~5.5   ④ 6.5~7.5

53 다음 중 경구 감염병이 아닌 것은?

① 콜레라   ② 이질

③ 발진티푸스   ④ 유행성간염

54 보툴리누스 식중독균이 생성하는 독소는?

① 엔테로톡신   ③ 엔도톡신

③ 뉴로톡신   ④ 테트로도톡신

55 다음 중 곰팡이독과 관계가 없는 것은?

① 파툴린(patulin)
② 아플라톡신(aflatoxin)
③ 시트리닌(citrinin)
④ 고시폴(gossypol)

56 보존료의 이상적인 조건과 거리가 먼 것은?

① 독성이 없거나 매우 적을 것
② 저렴한 가격일 것
③ 사용방법이 간편할 것
④ 다량으로 효력이 있을 것

57 다음 중 감염형 식중독을 일으키는 것은?

① 보툴리누스균
② 살모넬라균
③ 포도상구균
④ 고초균

58 화농성 질병이 있는 사람이 만든 제품을 먹고 식중독을 일으켰다면 가장 관계가 깊은 원인균은?

① 장염 비브리오균
② 살모넬라균
③ 보툴리누스균
④ 황색포도상구균

59 인수공통감염병의 예방조치로 바람직하지 않은 것은?

① 우유의 멸균처리를 철저히 한다.
② 이환된 동물의 고기는 익혀서 먹는다.
③ 가축의 예방접종을 한다.
④ 외국으로부터 유입되는 가축은 항구나 공항 등에서 검역을 철저히 한다.

60 대장균군이 식품위생학적으로 중요한 이유는?

① 식중독균을 일으키는 원인균이기 때문
② 분변오염의 지표 세균이기 때문
③ 부패균이기 때문
④ 대장염을 일으키기 때문

답안 표기란				
55	①	②	③	④
56	①	②	③	④
57	①	②	③	④
58	①	②	③	④
59	①	②	③	④
60	①	②	③	④

제과기능사 필기 빈출 문제 ❷

수험번호 :

수험자명 :

제한 시간 : 60분
남은 시간 : 60분

QR코드를 스캔하면 스마트폰을 활용한
모바일 모의고사를 이용할 수 있습니다.

전체 문제 수 : 60
안 푼 문제 수 :

답안 표기란

1	① ② ③ ④
2	① ② ③ ④
3	① ② ③ ④
4	① ② ③ ④
5	① ② ③ ④

1 반죽형 쿠키 중 수분을 가장 많이 함유하는 쿠키는?

① 쇼트브레드 쿠키　　　② 드롭 쿠키
③ 스냅 쿠키　　　　　　④ 스펀지 쿠키

2 다음 중 가장 고온에서 굽는 제품은?

① 파운드 케이크　　　　② 시폰 케이크
③ 퍼프 페이스트리　　　④ 과일 케이크

3 반죽형 케이크의 믹싱방법 중 제품에 부드러움을 주기 위한 목적으로 사용하는 것은?

① 크림법　　　　　　　② 블렌딩법
③ 설탕/물법　　　　　　④ 1단계법

4 레이어 케이크 반죽의 온도를 조절하려 할 때 실내온도=25℃, 밀가루 온도=25℃, 설탕 온도=25℃, 수돗물 온도=25℃, 유화 쇼트닝 온도=20℃, 달걀 온도=20℃, 마찰계수=28, 희망 온도=23℃라면 사용할 물의 온도로 적당한 것은?

① 3℃　　　　　　　　② 23℃
③ −5℃　　　　　　　④ 12℃

5 다음 제품 중 반죽의 비중이 가장 낮은 것은?

① 파운드 케이크　　　　② 옐로 레이어 케이크
③ 롤 케이크　　　　　　④ 버터 스펀지 케이크

답안 표기란

6 ① ② ③ ④
7 ① ② ③ ④
8 ① ② ③ ④
9 ① ② ③ ④
10 ① ② ③ ④
11 ① ② ③ ④

6 흰자를 사용하는 제품에 주석산 크림이나 식초를 첨가하는 이유로 부적당한 것은?

① 알칼리성의 흰자를 중성화한다.
② pH를 낮추므로 흰자를 강력하게 한다.
③ 풍미를 좋게 한다.
④ 색깔을 희게 한다.

7 이탈리안 머랭에 대한 설명 중 틀린 것은?

① 흰자를 거품기로 치대어 30% 정도의 거품을 만들고 설탕을 넣으면서 50% 정도의 머랭을 만든다.
② 흰자가 신선해야 거품이 튼튼하게 나온다.
③ 뜨거운 시럽에 머랭을 한꺼번에 넣고 거품을 올린다.
④ 강한 불에 구워 착색하는 제품을 만드는 데 알맞다.

8 파운드 케이크를 제조하려 할 때 유지의 품온으로 가장 알맞은 것은?

① −5~0℃ ② 5~10℃
③ 18~25℃ ④ 30~37℃

9 굽기 공정에서 일어나는 변화가 아닌 것은?

① 전분의 호화 ② 오븐 팽창(oven spring)
③ 전분의 노화 ④ 캐러멜 반응

10 공장 설비 시 배수관의 최소 내경으로 알맞은 것은?

① 5cm ② 7cm
③ 10cm ④ 15cm

11 퍼프 페이스트리 제품 모양이 균일하지 않을 때의 원인이 아닌 것은?

① 밀가루가 너무 많이 사용되었다.
② 화학팽창제가 너무 많이 사용되었다.
③ 충전용 유지가 너무 적게 사용되었다.
④ 첨가된 물의 양이 너무 적었다.

12 다음 중 고온에서 빨리 구워야 하는 제품은?

① 파운드 케이크

② 고율배합 제품

③ 저율배합 제품

④ 팬닝량이 많은 제품

13 직경이 10cm, 높이가 4.5cm인 원형팬에 부피 $2.4cm^3$당 1g인 반죽을 70%로 팬닝한다면 채워야 할 반죽의 무게는 약 얼마인가?

① 147g

② 120g

③ 103g

④ 80g

14 파이의 일반적인 결점 중 바닥 크러스트가 축축한 원인이 아닌 것은?

① 오븐 온도가 높음

② 충전물 온도가 높음

③ 파이 바닥 반죽이 고율배합

④ 불충분한 바닥열

15 소금이 제과에 미치는 영향이 아닌 것은?

① 향을 좋게 한다.

② 잡균의 번식을 억제한다.

③ 반죽의 물성을 좋게 한다.

④ pH를 조절한다.

16 반죽에 레몬즙이나 식초를 첨가하여 굽기를 하였을 때 나타나는 현상은?

① 조직이 치밀하다.

② 껍질색이 진하다.

③ 향이 짙어진다.

④ 부피가 증가한다.

17 다음 중 파이롤러를 사용하지 않는 제품은?

① 퍼프 페이스트리

② 케이크 도넛

③ 쇼트브레드 쿠키

④ 롤 케이크

답안 표기란

12 ① ② ③ ④
13 ① ② ③ ④
14 ① ② ③ ④
15 ① ② ③ ④
16 ① ② ③ ④
17 ① ② ③ ④

18 에클레어는 어떤 종류의 반죽으로 만드는가?

① 스펀지 반죽   ② 슈 반죽

③ 비스킷 반죽   ④ 파이 반죽

19 겨울철 굳어버린 버터 크림의 농도를 조절하기 위한 첨가물은?

① 분당   ② 초콜릿

③ 식용유   ④ 캐러멜 색소

20 다음 중 우유에 관한 설명이 아닌 것은?

① 우유에 함유된 주 단백질은 카제인이다.

② 연유나 생크림은 농축우유의 일종이다.

③ 전지분유는 우유 중의 수분을 증발시키고 고형질 함량을 높인 것이다.

④ 우유 교반 시 비중의 차이로 지방입자가 뭉쳐 크림이 된다.

21 전란의 수분 함량은 몇 % 정도인가?

① 30~35%   ② 50~53%

③ 72~75%   ④ 92~95%

22 밀알에서 내배유가 차지하는 구성비와 가장 근접한 것은?

① 14%   ② 36%

③ 65%   ④ 83%

23 다음 당류 중 물에 잘 녹지 않는 것은?

① 과당   ② 유당

③ 포도당   ④ 맥아당

24 제과용 밀가루의 단백질과 회분의 함량으로 가장 적합한 것은?

① 단백질(%) 4~5.5, 회분(%) 0.2

② 단백질(%) 6~6.5, 회분(%) 0.3

③ 단백질(%) 7~9, 회분(%) 0.4

④ 단백질(%) 10~11, 회분(%) 0.5

답안 표기란				
18	①	②	③	④
19	①	②	③	④
20	①	②	③	④
21	①	②	③	④
22	①	②	③	④
23	①	②	③	④
24	①	②	③	④

답안 표기란

25	①	②	③	④
26	①	②	③	④
27	①	②	③	④
28	①	②	③	④
29	①	②	③	④
30	①	②	③	④

25 다음 중 전분당이 아닌 것은?

① 물엿
② 설탕
③ 포도당
④ 이성화당

26 밀가루의 등급은 무엇을 기준으로 하는가?

① 회분
② 단백질
③ 유지방
④ 탄수화물

27 다음과 같은 조건에서 나타나는 현상과 그와 관련된 물질을 바르게 연결한 것은?

> 보기　초콜릿의 보관 방법이 적절치 않아 공기 중의 수분이 표면에 부착한 뒤 그 수분이 증발해 버려 어떤 물질이 결정 형태로 남아 흰색이 나타났다.

① 팻 블룸(fat bloom) – 카카오매스
② 팻 블룸(fat bloom) – 글리세린
③ 슈가 블룸(sugar bloom) – 카카오버터
④ 슈가 블룸(sugar bloom) – 설탕

28 지방산의 이중결합 유무에 따른 분류는?

① 트랜스지방, 시스지방
② 유지, 라드
③ 지방산, 글리세롤
④ 포화지방산, 불포화지방산

29 다음 중 향신료를 사용하는 목적이 아닌 것은?

① 냄새 제거
② 맛과 향 부여
③ 영양분 공급
④ 식욕 증진

30 케이크 반죽을 하기 위해 달걀노른자 500g이 필요하다. 몇 개의 달걀이 준비되어야 하는가?(단, 달걀 1개의 중량 52g, 껍질 12%, 노른자 33%, 흰자 55%)

① 26개
② 30개
③ 34개
④ 38개

답안 표기란

31 ① ② ③ ④
32 ① ② ③ ④
33 ① ② ③ ④
34 ① ② ③ ④
35 ① ② ③ ④
36 ① ② ③ ④

31 빈 컵의 무게가 120g이었고, 이 컵에 물을 가득 넣었더니 250g이 되었다. 물을 빼고 우유를 넣었더니 254g이 되었을 때 우유의 비중은 약 얼마인가?

① 1.03 ② 1.07
③ 2.15 ④ 3.05

32 케이크의 제조에서 쇼트닝의 기본적인 3가지 기능에 해당하지 않는 것은?

① 팽창기능 ② 윤활기능
③ 유화기능 ④ 안정기능

33 지방의 산화를 가속시키는 요소가 아닌 것은?

① 공기와의 접촉이 많다.
② 토코페롤을 첨가한다.
③ 높은 온도로 여러 번 사용한다.
④ 자외선에 노출시킨다.

34 글루텐을 형성하는 밀가루의 주요 단백질로 그 함량이 가장 많은 것은?

① 글루테닌 ② 글리아딘
③ 글로불린 ④ 메소닌

35 젤라틴에 대한 설명 중 틀린 것은?

① 동물성 단백질이다.
② 응고제로 주로 이용된다.
③ 물과 섞으면 용해된다.
④ 콜로이드 용액의 젤 형성 과정은 비가역적인 과정이다.

36 올리고당류의 특징으로 가장 거리가 먼 것은?

① 청량감이 있다.
② 감미도가 설탕의 20~30% 낮다.
③ 설탕에 비해 항충치성이 있다.
④ 장내 비피더스균의 증식을 억제한다.

답안 표기란
37 ① ② ③ ④
38 ① ② ③ ④
39 ① ② ③ ④
40 ① ② ③ ④
41 ① ② ③ ④

37 전분을 효소나 산에 의해 가수분해시켜 얻은 포도당액을 효소나 알칼리 처리로 포도당과 과당으로 만들어 놓은 당의 명칭은?

① 전화당　　　　　　　② 맥아당
③ 이성화당　　　　　　④ 전분당

38 다음에서 탄산수소나트륨(중조)이 반응에 의해 발생하는 물질이 아닌 것은?

① CO_2　　　　　　　② H_2O
③ C_2H_5OH　　　　　④ Na_2CO_3

39 다음 중 밀가루 제품의 품질에 가장 크게 영향을 주는 것은?

① 글루텐의 함유량　　　② 빛깔, 맛, 향기
③ 비타민 함유량　　　　④ 원산지

40 식품향료에 대한 설명 중 틀린 것은?

① 자연향료는 자연에서 채취한 후 추출, 정제, 농축, 분리 과정을 거쳐 얻는다.
② 합성향료는 석유 및 석탄류에 포함되어 있는 방향성 유기물질로부터 합성하여 만든다.
③ 조합향료는 천연향료와 합성향료를 조합하여 양자 간의 문제점을 보완한 것이다.
④ 식품에 사용하는 향료는 첨가물이지만 품질, 규격 및 사용법을 준수하지 않아도 된다.

41 하루 섭취한 2,700kcal 중 지방은 20%, 탄수화물은 65%, 단백질은 15% 비율이었다. 지방, 탄수화물, 단백질은 각각 약 몇 g을 섭취하였는가?

① 지방 135g, 탄수화물 438.8g, 단백질 45g
② 지방 540g, 탄수화물 1755.2g, 단백질 405.2g
③ 지방 60g, 탄수화물 438.8g, 단백질 101.3g
④ 지방 135g, 탄수화물 195g, 단백질 101.3g

42 어떤 분유 100g의 질소 함량이 4g이라면 분유 100g은 약 몇 g의 단백질을 함유하고 있는가?

① 25g   ② 36g

③ 67g   ④ 92g

43 유아에게 필요한 필수아미노산이 아닌 것은?

① 발린   ② 트립토판

③ 히스티딘   ④ 글루타민

44 리놀레산 결핍 시 발생할 수 있는 장애가 아닌 것은?

① 성장지연   ② 시각기능장애

③ 생식장애   ④ 호흡장애

45 신선한 우유의 평균 pH는?

① 12.8   ② 10.8

③ 6.8   ④ 3.8

46 무기질에 대한 설명으로 틀린 것은?

① 나트륨은 결핍증이 없으며 소금, 육류 등에 많다.

② 마그네슘 결핍증은 근육약화, 경련 등이며 생선, 견과류 등에 많다.

③ 철은 결핍 시 빈혈증상이 있으며 시금치, 두류 등에 많다.

④ 요오드 결핍 시에는 갑상선종이 생기며 유제품, 해조류 등에 많다.

47 혈당의 저하와 가장 관계가 깊은 것은?

① 인슐린   ② 리파아제

③ 프로테아제   ④ 펩신

48 맥아당은 이스트의 발효과정 중 효소에 의해 어떻게 분해되는가?

① 포도당 + 포도당   ② 포도당 + 과당

③ 포도당 + 유당   ④ 과당 + 과당

답안 표기란			
42	① ② ③ ④		
43	① ② ③ ④		
44	① ② ③ ④		
45	① ② ③ ④		
46	① ② ③ ④		
47	① ② ③ ④		
48	① ② ③ ④		

49 건강한 성인이 식사 시 섭취한 철분이 200mg인 경우 체내 흡수된 철분의 양은?

① 1~5mg　　　　　　② 10~30mg

③ 100~150mg　　　　④ 200mg

50 수크라아제(sucrase)는 무엇을 가수분해 시키는가?

① 맥아당　　　　　　② 설탕

③ 전분　　　　　　　④ 과당

51 바닐라에센스가 우유에 미치는 영향은?

① 생취를 감소시킨다.

② 마일드한 감을 감소시킨다.

③ 단백질의 영양가를 증가시키는 강화제 역할을 한다.

④ 색감을 좋게 하는 착색료 역할을 한다.

52 경구 감염병에 관한 설명 중 틀린 것은?

① 미량의 균으로 감염이 가능하다.

② 식품은 증식 매체이다.

③ 감염환이 성립된다.

④ 잠복기가 길다.

53 아플라톡신은 다음 중 어디에 속하는가?

① 감자독　　　　　　② 효모독

③ 세균독　　　　　　④ 곰팡이독

54 다음 식품첨가물 중 표백제가 아닌 것은?

① 소르빈산　　　　　② 과산화수소

③ 아황산나트륨　　　④ 차아황산나트륨

답안 표기란				
49	①	②	③	④
50	①	②	③	④
51	①	②	③	④
52	①	②	③	④
53	①	②	③	④
54	①	②	③	④

55 쥐를 매개체로 감염되는 질병이 아닌 것은?

① 돈단독증
② 쯔쯔가무시병
③ 신증후군출혈열(유행성출혈열)
④ 렙토스피라증

56 식품의 변패 현상 중에서 그 원인이 화학적인 것은?

① 마른 비스킷　　　　② 언 고구마
③ 멍든 사과　　　　　④ 산패 식용유

57 알레르기성 식중독의 원인이 될 수 있는 가능성이 가장 높은 식품은?

① 오징어　　　　　　② 꽁치
③ 갈치　　　　　　　④ 광어

58 미생물의 증식에 의해서 일어나는 식품의 부패나 변패를 방지하기 위하여 사용되는 식품첨가물은?

① 보존료　　　　　　② 착색료
③ 산화방지제　　　　④ 표백제

59 미나마타병은 어떤 중금속에 오염된 어패류의 섭취 시 발생되는가?

① 수은　　　　　　　② 카드뮴
③ 납　　　　　　　　④ 아연

60 포도상구균에 의한 식중독 예방책으로 부적합한 것은?

① 조리장을 깨끗이 한다.
② 섭취 전에 60℃ 정도로 가열한다.
③ 멸균된 기구를 사용한다.
④ 화농성 질환자의 조리업무를 금지한다.

답안 표기란
55 ① ② ③ ④
56 ① ② ③ ④
57 ① ② ③ ④
58 ① ② ③ ④
59 ① ② ③ ④
60 ① ② ③ ④

제과기능사 필기 빈출 문제 ❸

수험번호 :

수험자명 :

제한 시간 : 60분
남은 시간 : 60분

QR코드를 스캔하면 스마트폰을 활용한 모바일 모의고사를 이용할 수 있습니다.

전체 문제 수 : 60
안 푼 문제 수 : ☐

답안 표기란

1	① ② ③ ④
2	① ② ③ ④
3	① ② ③ ④
4	① ② ③ ④
5	① ② ③ ④
6	① ② ③ ④

1 일반적으로 강력분으로 만드는 것은?

① 소프트 롤 케이크
② 스펀지 케이크
③ 엔젤 푸드 케이크
④ 식빵

2 40g의 계량컵에 물을 가득 채웠더니 240g이었다. 과자 반죽을 넣고 달아보니 220g이 되었다면 이 반죽의 비중은 얼마인가?

① 0.85
② 0.9
③ 0.92
④ 0.95

3 파이를 만들 때 충전물이 끓어 넘쳤다. 그 원인으로 틀린 것은?

① 배합이 적합하지 않았다.
② 충전물의 온도가 낮았다.
③ 바닥 껍질이 너무 얇다.
④ 껍질에 구멍이 없다.

4 가수분해나 산화에 의하여 튀김기름을 나쁘게 만드는 요인이 아닌 것은?

① 온도
② 물
③ 산소
④ 비타민 E(토코페롤)

5 머랭의 최적 pH는?

① 5.5~6.0
② 6.5~7.0
③ 7.5~8.0
④ 8.5~9.0

6 고율배합의 제품을 굽는 방법으로 알맞은 것은?

① 저온 단시간
② 고온 단시간
③ 저온 장시간
④ 고온 장시간

7 푸딩에 관한 설명 중 맞는 것은?

① 반죽을 푸딩컵에 먼저 부은 후에 캐러멜 소스를 붓고 굽는다.
② 달걀, 설탕, 우유 등을 혼합하여 직화로 구운 제품이다.
③ 달걀의 열변성에 의한 농후화 작용을 이용한 제품이다.
④ 육류, 과일, 야채, 빵을 섞어 만들지는 않는다.

8 공장 설비 구성의 설명으로 적합하지 않은 것은?

① 공장 시설 설비는 인간을 대상으로 하는 공학이다.
② 공장 시설은 식품조리과정의 다양한 작업을 여러 조건에 따라 합리적으로 수행하기 위한 시설이다.
③ 설계디자인은 공간의 할당, 물리적 시설, 구조의 생김새, 설비가 갖춰진 작업장을 나타내 준다.
④ 각 시설은 그 시설이 제공하는 서비스의 형태에 기본적인 어떤 기능을 지니고 있지 않다.

9 케이크의 부피가 작아지는 원인에 해당하는 것은?

① 강력분을 사용한 경우
② 액체재료가 적은 경우
③ 크림성이 좋은 유지를 사용한 경우
④ 달걀 양이 많은 반죽의 경우

10 과자 반죽의 온도 조절에 대한 설명으로 틀린 것은?

① 반죽 온도가 낮으면 기공이 조밀하다.
② 반죽 온도가 낮으면 부피가 작아지고 식감이 나쁘다.
③ 반죽 온도가 높으면 기공이 열리고 큰 구멍이 생긴다.
④ 반죽 온도가 높은 제품은 노화가 느리다.

11 쇼트브레드 쿠키의 성형 시 주의할 점이 아닌 것은?

① 글루텐 형성 방지를 위해 가볍게 뭉쳐서 밀어편다.
② 반죽의 휴지를 위해 성형 전에 냉동고에 동결시킨다.
③ 반죽을 일정한 두께로 밀어펴서 원형 또는 주름커터로 찍어낸다.
④ 달걀노른자를 바르고 조금 지난 뒤 포크로 무늬를 그려낸다.

답안 표기란				
7	①	②	③	④
8	①	②	③	④
9	①	②	③	④
10	①	②	③	④
11	①	②	③	④

답안 표기란

12	①	②	③	④
13	①	②	③	④
14	①	②	③	④
15	①	②	③	④
16	①	②	③	④

12 거품형 케이크 반죽을 믹싱할 때 가장 적당한 믹싱법은?

① 중속 → 저속 → 고속

② 저속 → 고속 → 중속

③ 저속 → 중속 → 고속 → 중속

④ 고속 → 중속 → 저속 → 고속

13 반죽형 케이크의 특징으로 틀린 것은?

① 반죽의 비중이 낮다.

② 주로 화학팽창제를 사용한다.

③ 유지의 사용량이 많다.

④ 식감이 부드럽다.

14 핑거 쿠키 성형 시 가장 적정한 길이는?

① 3cm   ② 5cm

③ 9cm   ④ 12cm

15 다음 중 반죽의 얼음 사용량 계산 공식으로 옳은 것은?

① $얼음 = \dfrac{물\ 사용량 \times (수돗물\ 온도 - 사용수\ 온도)}{80 + 수돗물의\ 온도}$

② $얼음 = \dfrac{물\ 사용량 \times (수돗물\ 온도 + 사용수\ 온도)}{80 + 수돗물의\ 온도}$

③ $얼음 = \dfrac{물\ 사용량 \times (수돗물\ 온도 \times 사용수\ 온도)}{80 + 수돗물의\ 온도}$

④ $얼음 = \dfrac{물\ 사용량 \times (계산된\ 물\ 온도 - 사용수\ 온도)}{80 + 수돗물의\ 온도}$

16 코코아 20%에 해당하는 초콜릿을 사용하여 케이크를 만들려고 할 때 초콜릿 사용량은?

① 16%   ② 20%

③ 28%   ④ 32%

17 밤과자를 성형한 후 물을 뿌려주는 이유가 아닌 것은?

① 덧가루의 제거
② 굽기 후 철판에서 분리 용이
③ 껍질색의 균일화
④ 껍질의 터짐 방지

18 젤리를 만드는 데 사용되는 재료가 아닌 것은?

① 젤라틴　　　　　　② 한천
③ 레시틴　　　　　　④ 알긴산

19 슈 껍질의 굽기 후 밑면이 좁고 공과 같은 형태를 가졌다면 그 원인은?

① 밑불이 윗불보다 강하고 팬에 기름칠이 적다.
② 반죽이 질고 글루텐이 형성된 반죽이다.
③ 온도가 낮고 팬에 기름칠이 적다.
④ 반죽이 되거나 윗불이 강하다.

20 나가사키 카스테라 제조 시 굽기 과정에서 휘젓기를 하는 이유가 아닌 것은?

① 반죽 온도를 균일하게 한다.
② 껍질 표면을 매끄럽게 한다.
③ 내상을 균일하게 한다.
④ 팽창을 원활하게 한다.

21 밀가루 25g에서 젖은 글루텐 6g을 얻었다면 이 밀가루는 다음 어디에 속하는가?

① 박력분　　　　　　② 중력분
③ 강력분　　　　　　④ 제빵용 밀가루

22 다음 중 발효할 때 유산(젖산)을 생성하는 당은?

① 유당　　　　　　② 설탕
③ 과당　　　　　　④ 포도당

답안 표기란	
17	① ② ③ ④
18	① ② ③ ④
19	① ② ③ ④
20	① ② ③ ④
21	① ② ③ ④
22	① ② ③ ④

답안 표기란

23	① ② ③ ④
24	① ② ③ ④
25	① ② ③ ④
26	① ② ③ ④
27	① ② ③ ④
28	① ② ③ ④

23 β-아밀라아제의 설명으로 틀린 것은?

① 전분이나 덱스트린을 맥아당으로 만든다.

② 아밀로오스의 말단에서 시작하여 포도당 2분자씩을 끊어가면서 분해한다.

③ 전분의 구조가 아밀로펙틴인 경우 약 52%까지만 가수분해한다.

④ 액화효소 또는 내부 아밀라아제라고도 한다.

24 영구적 경수의 주된 물질은?

① $MgSO_3$, $CaSO_4$　　　　② $CaHPO_4$

③ $NaHCO_3$, Na_2CO_3　　　④ NH_4Cl

25 단백질에 대한 설명으로 틀린 것은?

① 기본 단위는 아미노산이다.

② 밀단백질의 질소계수는 8.25이다.

③ 대부분의 단백질은 열에 응고된다.

④ 고온으로 가열하면 변성된다.

26 머랭(meringue)을 만드는 데 1kg의 흰자가 필요하다면 껍질을 포함한 평균무게가 60g인 달걀은 약 몇 개가 필요한가?

① 20개　　　　　　　② 24개

③ 28개　　　　　　　④ 32개

27 다음 중 감미도가 가장 높은 것은?

① 포도당　　　　　　② 유당

③ 과당　　　　　　　④ 맥아당

28 일반적인 버터의 수분함량은?

① 18% 이하　　　　　② 25% 이하

③ 30% 이하　　　　　④ 45% 이하

29 장기간의 저장성을 지녀야 하는 건과자용 쇼트닝에서 가장 중요한 제품 특성은?

① 가소성
② 안정성
③ 신장성
④ 크림가

30 분당은 저장 중 응고되기 쉬운데 이를 방지하기 위하여 어떤 재료를 첨가하는가?

① 소금
② 설탕
③ 글리세린
④ 전분

31 다음 유제품 중 일반적으로 100g당 열량을 가장 많이 내는 것은?

① 요구르트
② 탈지분유
③ 가공치즈
④ 시유

32 단체급식 식단에서 고등어로부터 동물성 단백질을 25g 섭취하고자 한다. 고등어의 1인 배식량은 약 얼마인가?(단, 고등어의 단백질 함량은 18%로 계산)

① 140g
② 100g
③ 72g
④ 65g

33 유지를 고온으로 계속 가열하였을 때 점차 낮아지는 것은?

① 산가
② 점도
③ 과산화물가
④ 발연점

34 일반적으로 신선한 우유의 pH는?

① 4.0~4.5
② 3.0~4.0
③ 5.5~6.0
④ 6.5~6.7

35 반죽형 케이크의 특성에 해당되지 않는 것은?

① 일반적으로 밀가루가 달걀보다 많이 사용된다.

② 많은 양의 유지를 사용한다.

③ 화학팽창제에 의해 부피를 형성한다.

④ 해면같은 조직으로 입에서의 감촉이 좋다.

36 다음 중 필수지방산이 아닌 것은?

① 리놀렌산(linolenic acid)

② 리놀레산(linoleic acid)

③ 아라키돈산(arachidonic acid)

④ 스테아르산(stearic acid)

37 다음 중 전분의 구조가 100% 아밀로펙틴으로 이루어진 것은 무엇인가?

① 콩　　　　② 찰옥수수

③ 보리　　　④ 멥쌀

38 케이크 제조에 사용되는 달걀의 역할이 아닌 것은?

① 결합제 역할　　② 글루텐 형성 작용

③ 유화력 보유　　④ 팽창 작용

39 단백질을 분해하는 효소는?

① 아밀라아제(amylase)　　② 리파아제(lipase)

③ 프로테아제(protease)　　④ 찌마아제(zymase)

40 카제인이 산이나 효소에 의하여 응고되는 성질은 어떤 식품의 제조에 이용되는가?

① 아이스크림　　② 생크림

③ 버터　　　　④ 치즈

41 다음 중 포화지방산을 가장 많이 함유하고 있는 식품은?

① 올리브유　　② 버터

③ 콩기름　　　④ 홍화유

	답안 표기란
35	① ② ③ ④
36	① ② ③ ④
37	① ② ③ ④
38	① ② ③ ④
39	① ② ③ ④
40	① ② ③ ④
41	① ② ③ ④

42 괴혈병을 예방하기 위해 어떤 영양소가 많은 식품을 섭취해야 하는가?

① 비타민 A
② 비타민 C
③ 비타민 D
④ 비타민 B_1

43 식품의 열량(kcal) 계산 공식으로 맞는 것은?(단, 각 영양소 양의 기준은 g 단위로 한다)

① (탄수화물의 양+단백질의 양)×4+(지방의 양×9)
② (탄수화물의 양+지방의 양)×4+(단백질의 양×9)
③ (지방의 양+단백질의 양)×4+(탄수화물의 양×9)
④ (탄수화물의 양+지방의 양)×9+(단백질의 양×4)

44 D-glucose와 D-mannose의 관계는?

① anomer
② epimer
③ 동소체
④ 라세믹체

45 산화방지제로 쓰이는 물질이 아닌 것은?

① 중조
② BHT
③ BHA
④ 세사몰

46 지방의 연소와 합성이 이루어지는 장기는?

① 췌장
② 간
③ 위장
④ 소장

47 필수아미노산이 아닌 것은?

① 트레오닌
② 이소루신
③ 발린
④ 알라닌

48 비타민과 생체에서의 주요 기능이 잘못 연결된 것은?

① 비타민 B_1 – 당질 대사의 보조 효소
② 나이아신 – 항 펠라그라(pellagra)인자
③ 비타민 K – 항 혈액 응고 인자
④ 비타민 A – 항 빈혈 인자

49 다음 중 불완전 단백질 식품은?

① 옥수수 ② 달걀
③ 우유 ④ 육류

50 기름의 산패를 촉진시키는 요인들로만 짝지은 것은?

① 산소, 고온, 자외선, 동
② 산소, 고온, 자외선, 질소
③ 산소, 고온, 동, 질소
④ 고온, 자외선, 동, 질소

51 황색포도상구균이 내는 독소 물질은?

① 뉴로톡신 ② 솔라닌
③ 엔테로톡신 ④ 테트로도톡신

52 화학적 식중독을 유발하는 원인이 아닌 것은?

① 복어독 ② 불량한 포장용기
③ 유해한 식품첨가물 ④ 농약에 오염된 식품

53 단백질을 많이 함유한 식품의 주된 변질 현상은?

① 부패 ② 발효
③ 산패 ④ 갈변

54 식품에 식염을 첨가함으로써 미생물 증식을 억제하는 효과와 관계가 없는 것은?

① 탈수작용에 의한 식품 내 수분 감소
② 산소의 용해도 감소
③ 삼투압 증가
④ 펩티드결합의 분해

답안 표기란

49	① ② ③ ④
50	① ② ③ ④
51	① ② ③ ④
52	① ② ③ ④
53	① ② ③ ④
54	① ② ③ ④

답안 표기란

55	① ② ③ ④
56	① ② ③ ④
57	① ② ③ ④
58	① ② ③ ④
59	① ② ③ ④
60	① ② ③ ④

55 우리나라 식중독 월별 발생 상황 중 환자의 수가 92% 이상을 차지하는 계절은?

① 1~2월
② 3~4월
③ 5~9월
④ 10~12월

56 다음 중 발병 시 전염성이 가장 낮은 것은?

① 콜레라
② 장티푸스
③ 납중독
④ 폴리오

57 다음 중 경구 감염병이 아닌 것은?

① 맥각중독
② 세균성이질
③ 콜레라
④ 장티푸스

58 다음의 식중독 원인균 중 원인 식품과의 연결이 잘못된 것은?

① 장염 비브리오균 – 감자
② 살모넬라균 – 달걀
③ 캠필로박터 – 닭고기
④ 포도상구균 – 도시락

59 식품에 영양 강화를 목적으로 첨가하는 물질로 지정된 강화제가 아닌 것은?

① 비타민류
② 아미노산류
③ 칼슘화합물
④ 규소화합물

60 부패의 물리학적 판정에 이용되지 않는 것은?

① 냄새
② 점도
③ 색 및 전기저항
④ 탄성

제과기능사 필기 빈출 문제 ❹

수험번호 :

수험자명 :

제한 시간 : 60분
남은 시간 : 60분

 QR코드를 스캔하면 스마트폰을 활용한
모바일 모의고사를 이용할 수 있습니다.

전체 문제 수 : 60
안 푼 문제 수 :

답안 표기란
1 ① ② ③ ④
2 ① ② ③ ④
3 ① ② ③ ④
4 ① ② ③ ④

1 사과 파이 껍질의 결의 크기는 어떻게 조절하는가?
① 쇼트닝의 입자 크기로 조절한다.
② 쇼트닝의 양으로 조절한다.
③ 접기수로 조절한다.
④ 밀가루 양으로 조절한다.

2 굳어진 설탕 아이싱 크림을 여리게 하는 방법으로 부적합한 것은?
① 설탕시럽을 더 넣는다.
② 중탕으로 가열한다.
③ 전분이나 밀가루를 넣는다.
④ 소량의 물을 넣고 중탕으로 가온한다.

3 젤리 롤 케이크를 말 때 터지는 경우의 조치 사항이 아닌 것은?
① 달걀에 노른자를 추가시켜 사용한다.
② 설탕(자당)의 일부를 물엿으로 대치한다.
③ 덱스트린의 점착성을 이용한다.
④ 팽창이 과도한 경우에는 팽창제 사용량을 감소시킨다.

4 다음 중 호화(gelatinization)에 대한 설명 중 맞는 것은?
① 호화는 주로 단백질과 관련된 현상이다.
② 호화되면 소화되기 쉽고 맛이 좋아진다.
③ 호화는 냉장 온도에서 잘 일어난다.
④ 유화제를 사용하면 호화를 지연시킬 수 있다.

5 아이싱의 끈적거림 방지 방법으로 잘못된 것은?

① 액체를 최소량으로 사용한다.

② 40℃ 정도로 가온한 아이싱 크림을 사용한다.

③ 안정제를 사용한다.

④ 케이크 제품이 냉각되기 전에 아이싱한다.

6 도넛을 튀길 때의 설명으로 틀린 것은?

① 튀김기름의 깊이는 12cm 정도가 알맞다.

② 자주 뒤집어 타지 않도록 한다.

③ 튀김온도는 185℃ 정도로 맞춘다.

④ 튀김기름에 스테아린을 소량 첨가한다.

7 물엿을 계량할 때 바람직하지 않은 방법은?

① 설탕 계량 후 그 위에 계량한다.

② 스테인리스 그릇 혹은 플라스틱 그릇을 사용하는 것이 좋다.

③ 살짝 데워서 계량하면 수월할 수 있다.

④ 일반 갱지를 잘 잘라서 그 위에 계량하는 것이 좋다.

8 다음 중 포장 시에 일반적인 빵, 과자 제품의 냉각 온도로 가장 적합한 것은?

① 22℃   ② 32℃

③ 38℃   ④ 47℃

9 고율배합에 대한 설명으로 틀린 것은?

① 화학팽창제를 적게 쓴다.

② 굽는 온도를 낮춘다.

③ 반죽 시 공기 혼입이 많다.

④ 비중이 높다.

답안 표기란

10 ① ② ③ ④
11 ① ② ③ ④
12 ① ② ③ ④
13 ① ② ③ ④
14 ① ② ③ ④

10 파이 반죽을 냉장고에서 휴지시키는 효과가 아닌 것은?

① 밀가루의 수분 흡수를 돕는다.
② 유지의 결 형성을 돕는다.
③ 반점 형성을 방지한다.
④ 유지가 흘러나오는 것을 촉진시킨다.

11 옐로 레이어 케이크에서 쇼트닝과 달걀의 사용량 관계를 바르게 나타낸 것은?

① 쇼트닝 × 0.7 = 달걀
② 쇼트닝 × 0.9 = 달걀
③ 쇼트닝 × 1.1 = 달걀
④ 쇼트닝 × 1.3 = 달걀

12 퍼프 페이스트리(puff pastry)의 접기 공정에 관한 설명으로 옳은 것은?

① 접는 모서리는 직각이 되어야 한다.
② 접기 수와 밀어펴놓은 결의 수는 동일하다.
③ 접히는 부위가 동일하게 포개어지지 않아도 된다.
④ 구워낸 제품이 한쪽으로 터지는 경우 접기와는 무관하다.

13 찜류 또는 찜만주 등에 사용하는 팽창제의 특성이 아닌 것은?

① 팽창력이 강하다.
② 제품의 색을 희게 한다.
③ 암모니아 냄새가 날 수 있다.
④ 중조와 산제를 이용한 팽창제이다.

14 케이크 반죽의 pH가 적정 범위를 벗어난 경우 제품에 미치는 영향은?

① 반죽의 pH가 알칼리인 경우 제품은 껍질색이 여리다.
② 반죽의 pH가 산성일 경우 부피가 크고, 껍질색이 진하다.
③ 반죽의 pH가 산성일 경우 조밀한 기공과 신맛이 난다.
④ 반죽의 pH가 알칼리인 경우 향이 약하고 기공이 거칠다.

답안 표기란

15 ① ② ③ ④
16 ① ② ③ ④
17 ① ② ③ ④
18 ① ② ③ ④
19 ① ② ③ ④

15 공장 조리기구의 설명으로 적당하지 않은 것은?

① 기기나 기구는 부식되지 않으며 독성이 없어야 한다.

② 구리는 열전도가 뛰어나고 유독성이 없는 기구로 많이 사용한다.

③ 기기나 기구에서 발견될 수 있는 유독한 금속은 아연, 납, 황동 등이다.

④ 접촉을 통해서 식품을 생산하는 설비의 표면은 세척할 수 있어야 한다.

16 공립법, 더운 방법으로 제조하는 스펀지 케이크의 배합 방법 중 틀린 것은?

① 버터는 배합 전 중탕으로 녹인다.

② 밀가루, 베이킹파우더는 체질하여 준비한다.

③ 달걀은 흰자와 노른자로 분리한다.

④ 거품 올리기의 마지막은 중속으로 믹싱한다.

17 다음 중 크림법에서 가장 먼저 배합하는 재료의 조합은?

① 유지와 설탕   ② 달걀과 설탕

③ 밀가루와 설탕   ④ 밀가루와 달걀

18 달걀의 기포성과 포집성이 가장 좋은 온도는?

① 0℃   ② 5℃

③ 30℃   ④ 50℃

19 제조 공정 시 표면 건조를 하지 않는 제품은?

① 슈   ② 마카롱

③ 밤과자   ④ 핑거 쿠키

답안 표기란

20	① ② ③ ④
21	① ② ③ ④
22	① ② ③ ④
23	① ② ③ ④
24	① ② ③ ④
25	① ② ③ ④
26	① ② ③ ④

20 다음 제품 중 굽기 전 충분히 휴지를 한 후 굽는 제품은?

① 오믈렛
② 버터 스펀지 케이크
③ 오렌지 쿠키
④ 퍼프 페이스트리

21 과일 잼 형성의 3가지 필수 요건이 아닌 것은?

① 설탕
② 펙틴
③ 산(酸)
④ 젤라틴

22 버터 크림을 만들 때 흡수율이 가장 높은 유지는?

① 라드
② 경화 라드
③ 경화 식물성 쇼트닝
④ 유화 쇼트닝

23 달걀 껍질을 제외한 전란의 고형질 함량은 일반적으로 약 몇 %인가?

① 7%
② 12%
③ 25%
④ 50%

24 전분을 덱스트린(dextrin)으로 변화시키는 효소는?

① β-아밀라아제(amylase)
② α-아밀라아제(amylase)
③ 말타아제(maltase)
④ 찌마아제(zymase)

25 아밀로펙틴의 특성이 아닌 것은?

① 요오드 테스트를 하면 자주빛 붉은색을 띤다.
② 노화되는 속도가 빠르다.
③ 곁사슬 구조이다.
④ 대부분의 천연전분은 아밀로펙틴 구성비가 높다.

26 우유 단백질 중 함량이 가장 많은 것은?

① 락토알부민
② 락토글로불린
③ 글루테닌
④ 카제인

27 다당류인 전분을 분해하는 효소가 아닌 것은?

① 알파 아밀라아제

② 베타 아밀라아제

③ 디아스타아제

④ 말타아제

28 다음 중 과당을 분해하여 CO_2가스와 알코올을 만드는 효소는?

① 리파아제(lipase) ② 프로테아제(protease)

③ 찌마아제(zymase) ④ 말타아제(maltase)

29 다음 중 밀가루에 대한 설명으로 틀린 것은?

① 밀가루는 회분 함량에 따라 강력분, 중력분, 박력분으로 구분한다.

② 전체 밀알에 대해 껍질은 13~14%, 배아는 2~3%, 내배유는 83~85% 정도 차지한다.

③ 제분 직후의 밀가루는 제빵 적성이 좋지 않다.

④ 숙성한 밀가루는 글루텐의 질이 개선되고 흡수성을 좋게 한다.

30 다음 중 아밀로펙틴의 함량이 가장 많은 것은?

① 옥수수 전분 ② 찹쌀 전분

③ 멥쌀 전문 ④ 감자 전분

31 자유수를 올바르게 설명한 것은?

① 당류와 같은 용질에 작용하지 않는다.

② 0℃ 이하에서도 얼지 않는다.

③ 정상적인 물보다 그 밀도가 크다.

④ 염류, 당류 등을 녹이고 용매로서 작용한다.

32 감미도 100인 설탕 20kg과 감미도 70인 포도당 24kg을 섞었다면 이 혼합당의 감미도는?(단, 계산결과는 소수점 둘째 자리에서 반올림한다)

① 50.1
② 83.6
③ 105.8
④ 188.2

33 기본적인 유화 쇼트닝은 모노-디 글리세리드 역가를 기준으로 유지에 대하여 얼마를 첨가하는 것이 가장 적당한가?

① 1~2%
② 3~4%
③ 6~8%
④ 10~12%

34 효소를 구성하는 주성분에 대한 설명으로 틀린 것은?

① 탄소, 수소, 산소, 질소 등의 원소로 구성되어 있다.
② 아미노산이 펩티드결합을 하고 있는 구조이다.
③ 열에 안정하여 가열하여도 변성되지 않는다.
④ 섭취 시 4kcal의 열량을 낸다.

35 수용성 향료(essence)의 특징으로 옳은 것은?

① 제조 시 계면활성제가 반드시 필요하다.
② 기름(oil)에 쉽게 용해된다.
③ 내열성이 강하다.
④ 고농도의 제품을 만들기 어렵다.

36 달걀흰자가 360g 필요하다고 할 때 전란 60g짜리 달걀은 몇 개 정도 필요한가?(단, 달걀 중 난백의 함량은 60%)

① 6개
② 8개
③ 10개
④ 13개

37 일반적으로 시유의 수분 함량은?

① 58% 정도
② 65% 정도
③ 88% 정도
④ 98% 정도

답안 표기란

32	① ② ③ ④
33	① ② ③ ④
34	① ② ③ ④
35	① ② ③ ④
36	① ② ③ ④
37	① ② ③ ④

38 다음 중 향신료가 아닌 것은?

① 카다몬
② 올스파이스
③ 카라야검
④ 시나몬

39 버터를 쇼트닝으로 대체하려 할 때 고려해야 할 재료와 거리가 먼 것은?

① 유지 고형물
② 수분
③ 소금
④ 유당

40 트랜스 지방에 대한 설명으로 틀린 것은?

① 부분 경화유 생산 시 많게는 40% 정도가 생산된다.
② 섭취 시 인체 내 고밀도 지단백질(HDL)이 많아진다.
③ 엑스트라 버진 올리브유나 참기름과 같이 압착하는 유지에는 트랜스 지방이 없다.
④ 버터는 천연적으로 트랜스 지방이 5% 정도 들어있다.

41 빵, 과자 속에 많이 함유되어 있는 탄수화물이 소화·흡수되어 수행하는 기능이 아닌 것은?

① 에너지를 공급한다.
② 단백질 절약 작용을 한다.
③ 뼈를 자라게 한다.
④ 분해되면 포도당이 생성된다.

42 시금치에 들어 있으며 칼슘의 흡수를 방해하는 유기산은?

① 초산
② 호박산
③ 수산
④ 구연산

43 다음 아미노산 중 특히 성장기 어린이에게 더 요구되는 필수아미노산은?

① 트립토판
② 메티오닌
③ 발린
④ 히스티딘

답안 표기란

38	①	②	③	④
39	①	②	③	④
40	①	②	③	④
41	①	②	③	④
42	①	②	③	④
43	①	②	③	④

44 다음 중 이당류로만 묶인 것은?

① 맥아당, 유당, 설탕

② 포도당, 과당, 맥아당

③ 설탕, 갈락토오스, 유당

④ 유당, 포도당, 설탕

45 지용성 비타민의 특징이 아닌 것은?

① 간장에 운반되어 저장된다.

② 단기간에 급속히 중증의 결핍증이 나타난다.

③ 섭취 과잉으로 인한 독성을 유발시킬 수 있다.

④ 지질과 함께 소화, 흡수되어 이용된다.

46 "태양광선 비타민"이라고도 불리며 자외선에 의해 체내에서 합성되는 비타민은?

① 비타민 A   ② 비타민 B

③ 비타민 C   ④ 비타민 D

47 탄수화물, 지방과 비교할 때 단백질만이 갖는 특징적인 구성 성분은?

① 탄소   ② 수소

③ 산소   ④ 질소

48 노인의 경우 필수지방산의 흡수를 위하여 다음 중 어떤 종류의 기름을 섭취하는 것이 좋은가?

① 콩기름   ② 닭기름

③ 돼지기름   ④ 쇠기름

49 생체 내에서 지방의 기능으로 틀린 것은?

① 생체기관을 보호한다.

② 체온을 유지한다.

③ 효소의 주요 구성 성분이다.

④ 주요한 에너지원이다.

답안 표기란			
44	① ② ③ ④		
45	① ② ③ ④		
46	① ② ③ ④		
47	① ② ③ ④		
48	① ② ③ ④		
49	① ② ③ ④		

50 트립토판 360mg은 체내에서 나이아신 몇 mg으로 전환되는가?

① 0.6mg   ② 6mg

③ 36mg   ④ 60mg

51 HACCP에 대한 설명 중 틀린 것은?

① 식품위생의 수준을 향상시킬 수 있다.

② 원료부터 유통의 전 과정에 대한 관리이다.

③ 종합적인 위생관리체계이다.

④ 사후처리의 완벽을 추구한다.

52 백색의 결정으로 감미도는 설탕의 250배이며 청량 음료수, 과자류, 절임류 등에 사용되었으나 만성중독인 혈액독을 일으켜 우리나라에서는 사용이 금지된 인공감미료는?

① 둘신

② 사이클라메이트

③ 에틸렌글리콜

④ 파라–니트로–오르토–툴루이딘

53 과일과 채소의 부패에 관여하는 대표적인 미생물균은?

① 젖산균   ② 사상균

③ 저온균   ④ 수중세균

54 경구 감염병의 예방대책 중 감염경로(환경)에 대한 대책으로 올바르지 않은 것은?

① 우물이나 상수도의 관리에 주의한다.

② 하수도 시설을 완비하고, 수세식 화장실을 설치한다.

③ 식기, 용기, 행주 등은 철저히 소독한다.

④ 환기를 자주 시켜 실내공기의 청결을 유지한다.

답안 표기란

55	① ② ③ ④
56	① ② ③ ④
57	① ② ③ ④
58	① ② ③ ④
59	① ② ③ ④
60	① ② ③ ④

55 감자의 싹이 튼 부분에 들어 있는 독소는?

① 엔테로톡신   ② 삭카린 나트륨

③ 솔라닌   ④ 아미그달린

56 대장균 O-157이 내는 독성물질은?

① 베로톡신   ② 테트로도톡신

③ 삭시톡신   ④ 베네루핀

57 다음 중 냉장 온도에서도 증식이 가능하여 육류, 가금류 외에도 열처리하지 않은 우유나 아이스크림, 채소 등을 통해서도 식중독을 일으키며 태아나 임산부에 치명적인 독은?

① 캠필로박터균(*Campylobacter Jejuni*)

② 바실러스균(*Bacilluscereus*)

③ 리스테리아균(*Listeria Monocytogenes*)

④ 비브리오 패혈증균(*Vibrio Vulnificus*)

58 빵의 제조과정에서 빵 반죽을 분할기에서 분할할 때나 구울 때 달라붙지 않게 하고, 모양을 그대로 유지하기 위하여 사용되는 첨가물을 이형제라고 한다. 다음 중 이형제는?

① 유동파라핀   ② 명반

③ 탄산수소나트륨   ④ 염화암모늄

59 산양, 양, 돼지, 소에게 감염되면 유산을 일으키고, 인체 감염 시 고열이 주기적으로 일어나는 인수공통감염병은?

① 광우병   ② 공수병

③ 파상열   ④ 신증후군출혈열

60 빵 및 케이크류에 사용이 허가된 보존료는?

① 탄산수소나트륨   ② 포름알데히드

③ 탄산암모늄   ④ 프로피온산

제과기능사 필기 빈출 문제 ❺

수험번호 :

수험자명 :

 제한 시간 : 60분
남은 시간 : 60분

 QR코드를 스캔하면 스마트폰을 활용한 모바일 모의고사를 이용할 수 있습니다.

전체 문제 수 : 60
안 푼 문제 수 : ☐

답안 표기란

1 ① ② ③ ④
2 ① ② ③ ④
3 ① ② ③ ④
4 ① ② ③ ④
5 ① ② ③ ④

1 다음 중 소프트 롤에 속하지 않는 것은?
① 디너 롤
② 프렌치 롤
③ 브리오슈
④ 치즈 롤

2 다음 중 반죽을 동일한 용기에 같은 부피의 양을 담았을 때 가장 가벼운 반죽의 종류는?
① 스펀지 케이크
② 롤 케이크
③ 레이어 케이크
④ 파운드 케이크

3 성형한 파이 반죽에 포크 등을 이용하여 구멍을 내주는 가장 주된 이유는?
① 제품을 부드럽게 하기 위해
② 제품의 수축을 막기 위해
③ 제품의 원활한 팽창을 위해
④ 제품에 기포나 수포가 생기는 것을 막기 위해

4 초콜릿 제품을 생산하는데 필요한 도구는?
① 디핑 포크(dipping forks)
② 오븐(oven)
③ 파이롤러(pie roller)
④ 워터 스프레이(water spray)

5 머랭(meringue)을 만드는 주요 재료는?
① 달걀흰자
② 전란
③ 달걀노른자
④ 박력분

6 다음의 조건에서 물 온도를 계산하면?

> **보기** 반죽 희망 온도 23℃, 밀가루 온도 25℃, 실내온도 25℃, 설탕 온도 25℃, 쇼트닝 온도 20℃, 달걀 온도 20℃, 수돗물 온도 23℃, 마찰계수 20

① 0℃
② 3℃
③ 8℃
④ 12℃

7 파이롤러의 위치로 가장 적합한 곳은?

① 냉장고, 냉동고 옆
② 오븐 옆
③ 싱크대 옆
④ 작업 테이블 옆

8 일반적인 과자반죽의 결과 온도로 가장 알맞은 것은?

① 10~13℃
② 22~24℃
③ 26~28℃
④ 32~34℃

9 다음 중 비중이 높은 제품의 특징이 아닌 것은?

① 기공이 조밀하다.
② 부피가 작다.
③ 껍질색이 진하다.
④ 제품이 단단하다.

10 밀가루를 체로 쳐서 사용하는 이유와 가장 거리가 먼 것은?

① 불순물 제거
② 공기의 혼입
③ 재료 분산
④ 표피색 개선

11 다음 중 pH가 중성인 것은?

① 식초
② 수산화나트륨 용액
③ 중조
④ 증류수

12 파운드 케이크를 구울 때 윗면이 자연적으로 터지는 경우가 아닌 것은?

① 반죽 내의 수분이 불충분한 경우
② 반죽 내에 녹지 않은 설탕입자가 많은 경우
③ 팬에 분할한 후 오븐에 넣을 때까지 장시간 방치하여 껍질이 마른 경우
④ 오븐 온도가 낮아 껍질이 서서히 마를 경우

13 퍼프 페이스트리의 휴지가 종료되었을 때 손으로 살짝 누르게 되면 다음 중 어떤 현상이 나타나는가?

① 누른 자국이 남아있다.
② 누른 자국이 원상태로 올라온다.
③ 누른 자국이 유동성 있게 움직인다.
④ 내부의 유지가 흘러나온다.

14 도넛 글레이즈가 끈적이는 원인과 대응방안으로 틀린 것은?

① 유지 성분과 수분의 유화 평형 불안정 – 원재료 중 유화제 함량을 높임
② 온도, 습도가 높은 환경 – 냉장 진열장 사용 또는 통풍이 잘되는 장소 선택
③ 안정제, 농후화제 부족 – 글레이즈 제조 시 첨가된 검류의 함량을 높임
④ 도넛 제조 시 지친 반죽, 2차 발효가 지나친 반죽 사용 – 표준 제조 공정 준수

15 고온으로 튀긴 제품의 특징이 아닌 것은?

① 설탕을 묻혔을 때 쉽게 발한하지 않는다.
② 껍질색이 짙다.
③ 흡유량이 줄어든다.
④ 속이 익지 않는다.

16 가압하지 않은 찜기의 내부 온도로 가장 적합한 것은?

① 65℃   ② 99℃

③ 150℃   ④ 200℃

17 거품을 올린 흰자에 뜨거운 시럽을 첨가하면서 고속으로 믹싱하여 만드는 아이싱은?

① 마시멜로 아이싱   ② 콤비네이션 아이싱

③ 초콜릿 아이싱   ④ 로얄 아이싱

18 고율배합에 대한 설명으로 틀린 것은?

① 믹싱 중 공기 혼입이 많다.

② 설탕 사용량이 밀가루 사용량보다 많다.

③ 화학팽창제를 많이 쓴다.

④ 촉촉한 상태를 오랫동안 유지시켜 신선도를 높이고 부드러움이 지속되는 특징이 있다.

19 먼저 밀가루와 유지를 넣고 믹싱하여 유지에 의해 밀가루가 피복되도록 한 후 나머지 재료를 투입하는 방법으로 유연감을 우선으로 하는 제품에 사용되는 반죽법은?

① 1단계법   ② 별립법

③ 블렌딩법   ④ 크림법

20 다음 케이크 중 달걀노른자를 사용하지 않는 것은?

① 파운드 케이크

② 화이트 레이어 케이크

③ 데블스 푸드 케이크

④ 소프트 롤 케이크

21 다음 유지 중 성질이 다른 것은?

① 버터   ② 마가린

③ 샐러드유   ④ 쇼트닝

답안 표기란

22 ① ② ③ ④
23 ① ② ③ ④
24 ① ② ③ ④
25 ① ② ③ ④
26 ① ② ③ ④

22 달걀 중에서 껍질을 제외한 고형질은 약 몇 %인가?

① 15% ② 25%

③ 35% ④ 45%

23 가나슈 초콜릿 크림에 대한 설명으로 옳은 것은?

① 생크림은 절대 끓여서 사용하지 않는다.

② 초콜릿과 생크림의 배합비율은 10:1이 원칙이다.

③ 초콜릿 종류는 달라도 카카오 성분은 같다.

④ 끓인 생크림에 초콜릿을 더한 크림이다.

24 다음 중 제과제빵 재료로 사용되는 쇼트닝(shortening)에 대한 설명으로 틀린 것은?

① 쇼트닝을 경화유라고 말한다.

② 쇼트닝은 불포화지방산의 이중결합에 촉매 존재 하에 수소를 첨가하여 제조한다.

③ 쇼트닝성과 공기포집 능력을 갖는다.

④ 쇼트닝은 융점(melting point)이 매우 낮다.

25 퐁당 아이싱이 끈적거리거나 포장지에 붙는 경향을 감소시키는 방법으로 옳지 않은 것은?

① 아이싱을 다소 덥게(40℃)하여 사용한다.

② 아이싱에 최대의 액체를 사용한다.

③ 굳은 것은 설탕시럽을 첨가하거나 데워서 사용한다.

④ 젤라틴, 한천 등과 같은 안정제를 적절하게 사용한다.

26 베이킹파우더를 많이 사용한 제품의 결과와 거리가 먼 것은?

① 밀도가 크고 부피가 작다.

② 속결이 거칠다.

③ 오븐 스프링이 커서 찌그러들기 쉽다.

④ 속 색이 어둡다.

답안 표기란				
27	①	②	③	④
28	①	②	③	④
29	①	②	③	④
30	①	②	③	④
31	①	②	③	④
32	①	②	③	④
33	①	②	③	④

27 일반적으로 초콜릿은 코코아와 카카오버터로 나누어져 있다. 초콜릿 56%를 사용할 때 코코아의 양은 얼마인가?

① 35%　　　　　　　　② 37%

③ 38%　　　　　　　　④ 41%

28 유화제를 사용하는 목적이 아닌 것은?

① 물과 기름이 잘 혼합되게 한다.

② 빵이나 케이크를 부드럽게 한다.

③ 빵이나 케이크가 노화되는 것을 지연시킬 수 있다.

④ 달콤한 맛이 나게 하는 데 사용한다.

29 과자류 제품에서 안정제의 기능이 아닌 것은?

① 파이 충전물의 증점제 역할을 한다.

② 제품의 수분흡수율을 감소시킨다.

③ 아이싱의 끈적거림을 방지한다.

④ 토핑물을 부드럽게 만든다.

30 다음 밀가루 중 면류를 만드는 데 주로 사용되는 것은?

① 박력분　　　　　　　② 중력분

③ 강력분　　　　　　　④ 대두분

31 물 100g에 설탕 25g을 녹이면 당도는?

① 20%　　　　　　　　② 30%

③ 40%　　　　　　　　④ 50%

32 식물의 열매로부터 채취되는 천연 향신료가 아닌 것은?

① 레몬　　　　　　　　② 코코아

③ 바닐라　　　　　　　④ 계피

33 다음 중 찬물에 잘 녹는 것은?

① 한천(agar)　　　　　② 씨엠씨(CMC)

③ 젤라틴(gelatin)　　　④ 일반 펙틴(pectin)

34 다음 유지의 성질 중 크래커에서 가장 중요한 것은?
① 크림가
② 쇼트닝가
③ 가소성
④ 발연점

35 밀알의 구조 중 약 83%를 차지하고 밀가루를 구성하는 주체가 되는 부위는?
① 껍질
② 배아
③ 내배유
④ 세포

36 효소를 구성하는 주요 구성 물질은?
① 탄수화물
② 지질
③ 단백질
④ 비타민

37 인체 내에서 소화가 잘 안 되며, 장내 가스 발생 인자로 잘 알려진 대두에 존재하는 소당류는?
① 스타키오스(stachyose)
② 과당(fructose)
③ 포도당(glucose)
④ 유당(lactose)

38 음식을 통해서만 얻어야 하는 아미노산과 거리가 먼 것은?
① 트립토판
② 페닐알라닌
③ 발린
④ 글루타민

39 아밀로펙틴이 요오드 정색 반응에서 나타나는 색은?
① 적자색
② 청색
③ 황색
④ 흑색

40 케이크 제조에서 쇼트닝의 기본적인 3가지 기능에 해당하지 않는 것은?
① 팽창기능
② 윤활기능
③ 유화기능
④ 안정기능

답안 표기란				
34	①	②	③	④
35	①	②	③	④
36	①	②	③	④
37	①	②	③	④
38	①	②	③	④
39	①	②	③	④
40	①	②	③	④

41 성장기 어린이, 빈혈환자, 임산부 등 생리적 요구가 높을 때 흡수율이 높아지는 영양소는?

① 철분
② 나트륨
③ 칼륨
④ 아연

42 식품위생법에서 식품 등의 공전은 누가 작성, 보급하는가?

① 보건복지부장관
② 식품의약품안전처장
③ 국립보건원장
④ 시, 도지사

43 작업장의 방충, 방서용 금속망의 그물로 적당한 크기는?

① 5mesh
② 15mesh
③ 20mesh
④ 30mesh

44 질병에 대한 저항력을 지닌 항체를 만드는 데 꼭 필요한 영양소는?

① 탄수화물
② 지방
③ 칼슘
④ 단백질

45 한 개의 무게가 50g인 과자가 있다. 이 과자 100g 중에 탄수화물 70g, 단백질 5g, 지방 15g, 무기질 4g, 물 6g이 들어있다면 이 과자 10개를 먹을 때 얼마의 열량을 낼 수 있는가?

① 1,230kcal
② 2,175kcal
③ 2,750kcal
④ 1,800kcal

46 탄수화물은 체내에서 주로 어떤 작용을 하는가?

① 골격을 형성한다.
② 혈액을 구성한다.
③ 체작용을 조절한다.
④ 열량을 공급한다.

47 세계보건기구(WHO)는 성인의 경우 하루 섭취 열량 중 트랜스 지방의 섭취를 몇 % 이하로 권고하고 있는가?

① 0.5%
② 1%
③ 2%
④ 3%

답안 표기란

41 ① ② ③ ④
42 ① ② ③ ④
43 ① ② ③ ④
44 ① ② ③ ④
45 ① ② ③ ④
46 ① ② ③ ④
47 ① ② ③ ④

48 나이아신(niacin)의 결핍증은?

① 야맹증　　　　　② 신장병
③ 펠라그라　　　　④ 괴혈병

49 비타민의 특성 또는 기능인 것은?

① 많은 양이 필요하다.
② 인체 내에서 조절 물질로 사용된다.
③ 에너지로 사용된다.
④ 일반적으로 체내에서 합성된다.

50 지질대사에 관계하는 비타민이 아닌 것은?

① pantothenic acid　　② niacin
③ vitamin B$_2$　　　　④ folic acid

51 다음 중 허가된 천연유화제는?

① 구연산　　　　　② 고시폴
③ 레시틴　　　　　④ 세사몰

52 과자, 비스킷, 카스테라 등을 부풀게 하기 위한 팽창제로 사용되는 식품첨가물이 아닌 것은?

① 탄산수소나트륨　　② 탄산암모늄
③ 중조　　　　　　　④ 안식향산

53 파리에 의한 전파와 관계가 먼 질병은?

① 장티푸스　　　　② 콜레라
③ 이질　　　　　　④ 진균독증

54 다음 중 식중독 관련 세균의 생육에 최적인 식품의 수분활성도는?

① 0.30~0.39　　　② 0.50~0.59
③ 0.70~0.79　　　④ 0.90~1.00

답안 표기란

48	① ② ③ ④
49	① ② ③ ④
50	① ② ③ ④
51	① ② ③ ④
52	① ② ③ ④
53	① ② ③ ④
54	① ② ③ ④

답안 표기란

55	① ② ③ ④
56	① ② ③ ④
57	① ② ③ ④
58	① ② ③ ④
59	① ② ③ ④
60	① ② ③ ④

55 다음 중 살모넬라균의 주요 감염원은?

① 채소류　　　　　② 육류
③ 곡류　　　　　　④ 과일류

56 제품의 유통기간 연장을 위해서 포장에 이용되는 불활성 가스는?

① 산소　　　　　　② 질소
③ 수소　　　　　　④ 염소

57 다음 중 아미노산이 분해되어 암모니아가 생성되는 반응은?

① 탈아미노 반응　　② 혐기성 반응
③ 아민형성 반응　　④ 탈탄산 반응

58 장염 비브리오(vibrio)균에 의한 식중독 유형은?

① 독소형 식중독　　② 감염형 식중독
③ 곰팡이독 식중독　④ 화학물질 식중독

59 다음 중 HACCP 적용의 7가지 원칙에 해당하지 않는 것은?

① 위해요소분석　　② HACCP 팀 구성
③ 한계기준설정　　④ 기록유지 및 문서관리

60 주기적으로 열이 반복되어 나타나므로 파상열이라고 불리는 인수공통감염병은?

① Q열　　　　　　② 결핵
③ 브루셀라병　　　④ 돈단독

제과기능사 필기 빈출 문제 ❻

수험번호 :

수험자명 :

제한 시간 : 60분
남은 시간 : 60분

QR코드를 스캔하면 스마트폰을 활용한
모바일 모의고사를 이용할 수 있습니다.

전체 문제 수 : 60
안 푼 문제 수 :

답안 표기란				
1	①	②	③	④
2	①	②	③	④
3	①	②	③	④
4	①	②	③	④
5	①	②	③	④

1 용적 2,050cm³인 팬에 스펀지 케이크 반죽을 400g으로 분할할 때 좋은 제품이 되었다면 용적 2,870cm³인 팬에 적당한 분할 무게는?

① 440g
② 480g
③ 560g
④ 600g

2 반죽 무게를 구하는 식은?

① 틀 부피 × 비용적
② 틀 부피 + 비용적
③ 틀 부피 ÷ 비용적
④ 틀 부피 − 비용적

3 화이트 레이어 케이크 제조 시 주석산 크림을 사용하는 목적과 거리가 먼 것은?

① 흰자를 강하게 하기 위하여
② 껍질색을 밝게 하기 위하여
③ 속색을 하얗게 하기 위하여
④ 제품의 색깔을 진하게 하기 위하여

4 파운드 케이크를 구운 직후 달걀노른자에 설탕을 넣어 칠할 때 설탕의 역할이 아닌 것은?

① 광택제 효과
② 보존기간 개선
③ 탈색 효과
④ 맛의 개선

5 다음 중 쿠키의 퍼짐이 작아지는 원인이 아닌 것은?

① 반죽에 아주 미세한 입자의 설탕을 사용한다.
② 믹싱을 많이 하여 글루텐이 많아졌다.
③ 오븐 온도를 낮게 하여 굽는다.
④ 반죽의 유지 함량이 적고 산성이다.

6 과자 반죽의 모양을 만드는 방법이 아닌 것은?

① 짤주머니로 짜기   ② 밀대로 밀어펴기
③ 성형 틀로 찍어내기   ④ 발효 후 가스빼기

7 다음 제품 중 팬닝할 때 제품의 간격을 가장 충분히 유지하여야 하는 제품은?

① 슈   ② 오믈렛
③ 애플 파이   ④ 쇼트브레드 쿠키

8 다음 제품 중 일반적으로 유지를 사용하지 않는 제품은?

① 마블 케이크   ② 파운드 케이크
③ 코코아 케이크   ④ 엔젤 푸드 케이크

9 1,000mL의 생크림 원료로 거품을 올려 2,000mL의 생크림을 만들었다면 증량률(over run)은 얼마인가?

① 50%   ② 100%
③ 150%   ④ 200%

10 수소이온농도(pH)가 5인 경우의 액성은?

① 산성   ② 중성
③ 알칼리성   ④ 무성

11 밀가루 100%, 달걀 166%, 설탕 166%, 소금 2%인 배합률은 어떤 케이크 제조에 적당한가?

① 파운드 케이크   ② 옐로 레이어 케이크
③ 스펀지 케이크   ④ 엔젤 푸드 케이크

12 열원으로 찜(수증기)을 이용했을 때의 주 열전달 방식은?

① 대류   ② 전도
③ 초음파   ④ 복사

답안 표기란

6	①	②	③	④
7	①	②	③	④
8	①	②	③	④
9	①	②	③	④
10	①	②	③	④
11	①	②	③	④
12	①	②	③	④

13 다음 중 비중이 제일 작은 케이크는?

① 레이어 케이크   ② 파운드 케이크

③ 시폰 케이크   ④ 버터 스펀지 케이크

14 파운드 케이크의 팬닝은 틀 높이의 몇 % 정도까지 반죽을 채우는 것이 가장 적당한가?

① 50%   ② 70%

③ 90%   ④ 100%

15 파이나 퍼프 페이스트리는 무엇에 의하여 팽창하는가?

① 화학적인 팽창

② 중조에 의한 팽창

③ 유지에 의한 팽창

④ 이스트에 의한 팽창

16 생산부서의 지난달 원가관련 자료가 아래와 같을 때 생산 가치율은 얼마인가?

보기	근로자 : 100명	인건비 : 170,000,000원
	생산액 : 1,000,000,000원	외부가치 : 700,000,000원
	생산가치 : 300,000,000원	감가상각비 : 20,000,000원

① 25%   ② 30%

③ 35%   ④ 40%

17 pH가 5인 물을 증류수로 100배 희석했을 때 pH는?

① 3   ② 5

③ 7   ④ 9

18 꽃을 짜거나 조형물을 만들 머랭을 제조하려 할 때 흰자에 대한 설탕의 사용 비율로 가장 알맞은 것은?

① 50%   ② 100%

③ 200%   ④ 400%

답안 표기란

13 ① ② ③ ④
14 ① ② ③ ④
15 ① ② ③ ④
16 ① ② ③ ④
17 ① ② ③ ④
18 ① ② ③ ④

19 오버베이킹에 대한 설명 중 옳은 것은?

① 높은 온도에서 짧은 시간 동안 구운 것이다.

② 노화가 빨리 진행된다.

③ 수분 함량이 많다.

④ 가라앉기 쉽다.

20 포장된 케이크류에서 변패의 가장 중요한 원인은?

① 흡수   ② 고온

③ 저장기간   ④ 작업자

21 베이킹파우더(baking powder)에 대한 설명으로 틀린 것은?

① 소다가 기본이 되고 여기에 산을 첨가하여 중화가를 맞추어 놓은 것이다.

② 베이킹파우더의 팽창력은 이산화탄소에 의한 것이다.

③ 케이크나 쿠키를 만드는 데 많이 사용된다.

④ 과량의 산은 반죽의 pH를 높게, 과량의 중조는 pH를 낮게 만든다.

22 계면활성제의 친수성–친유성 균형(HLB)이 다음과 같을 때 친수성인 것은?

① 5   ② 7

③ 9   ④ 11

23 무스(mousse)의 원 뜻은?

① 생크림   ② 젤리

③ 거품   ④ 광택제

24 지방은 지방산과 무엇이 결합하여 이루어지는가?

① 아미노산   ② 나트륨

③ 글리세롤   ④ 리보오스

답안 표기란				
19	①	②	③	④
20	①	②	③	④
21	①	②	③	④
22	①	②	③	④
23	①	②	③	④
24	①	②	③	④

25 통상적인 우유(시유)의 고형질 함량은 약 얼마인가?

① 12% ② 20%
③ 80% ④ 88%

26 과실이 익어감에 따라 어떤 효소의 작용에 의해 수용성 펙틴이 생성되는가?

① 펙틴리가아제
② 아밀라아제
③ 프로토펙틴 가수분해효소
④ 브로멜린

27 다음 혼성주 중 오렌지 성분을 원료로 하여 만들지 않는 것은?

① 그랑 마르니에(grand marnier)
② 마라스키노(maraschino)
③ 쿠앵트로(cointreau)
④ 큐라소(curacao)

28 다음 중 환원당이 아닌 당은?

① 포도당 ② 과당
③ 자당 ④ 맥아당

29 다음 중 코코아에 대한 설명으로 잘못된 것은?

① 코코아에는 천연 코코아와 더취 코코아가 있다.
② 더취 코코아는 천연 코코아를 알칼리 처리하여 만든다.
③ 더취 코코아는 색상이 진하고 물에 잘 분산된다.
④ 천연 코코아는 중성을 더취 코코아는 산성을 나타낸다.

30 젤리 형성의 3요소가 아닌 것은?

① 당분 ② 유기산
③ 펙틴 ④ 염

답안 표기란

25	① ② ③ ④
26	① ② ③ ④
27	① ② ③ ④
28	① ② ③ ④
29	① ② ③ ④
30	① ② ③ ④

31 안정제의 사용 목적이 아닌 것은?
① 흡수제로 노화 지연 효과
② 머랭의 수분 배출 유도
③ 아이싱이 부서지는 것 방지
④ 크림 토핑의 거품 안정

31 ① ② ③ ④
32 ① ② ③ ④
33 ① ② ③ ④
34 ① ② ③ ④
35 ① ② ③ ④
36 ① ② ③ ④

32 우유 성분 중 산에 의해 응고되는 물질은?
① 단백질　　　　　② 유당
③ 유지방　　　　　④ 회분

33 전화당을 설명한 것 중 틀린 것은?
① 설탕의 1.3배의 감미를 갖는다.
② 설탕을 가수분해시켜 생긴 포도당과 과당의 혼합물이다.
③ 흡습성이 강해서 제품의 보존기간을 지속시킬 수 있다.
④ 상대적인 감미도는 맥아당보다 낮으나 쿠키의 광택과 촉감을 위해 사용한다.

34 다음 중 식물성 검류가 아닌 것은?
① 젤라틴　　　　　② 펙틴
③ 구아검　　　　　④ 아라비아 검

35 화이트 초콜릿에 들어 있는 카카오버터의 함량은?
① 70% 이상　　　　② 20% 이상
③ 10% 이하　　　　④ 5% 이하

36 합성감미료와 관련이 없는 것은?
① 화합적 합성품이다.
② 아스파탐이 이에 해당한다.
③ 일반적으로 설탕보다 감미 강도가 낮다.
④ 인체 내에서 영양가를 제공하지 않는 합성감미료도 있다.

답안 표기란

37 ① ② ③ ④
38 ① ② ③ ④
39 ① ② ③ ④
40 ① ② ③ ④
41 ① ② ③ ④
42 ① ② ③ ④

37 탄수화물이 많이 든 식품을 고온에서 가열하거나 튀길 때 생성되는 발암성 물질은?

① 니트로사민(nitrosamine)

② 다이옥신(dioxins)

③ 벤조피렌(benzopyrene)

④ 아크릴아마이드(acrylamide)

38 설탕을 포도당과 과당으로 분해하는 효소는?

① 인버타아제(invertase)

② 찌마아제(zymaes)

③ 말타아제(maltase)

④ 알파 아밀라아제(α-amylase)

39 다음 중 수소를 첨가하여 얻는 유지류는?

① 쇼트닝　　　　　　② 버터

③ 라드　　　　　　　④ 양기름

40 물에 칼슘염과 마그네슘염이 일반적인 양보다 많이 녹아 있을 때의 물의 상태는?

① 영구적 연수　　　　② 일시적 연수

③ 일시적 경수　　　　④ 영구적 경수

41 유당불내증이 있을 경우 소장 내에서 분해가 되어 생성되지 못하는 단당류는?

① 설탕(sucrose)　　　② 맥아당(maltose)

③ 과당(fructose)　　　④ 갈락토오스(galactose)

42 체내에서 사용된 단백질은 주로 어떤 경로를 통해 배설되는가?

① 호흡　　　　　　　② 소변

③ 대변　　　　　　　④ 피부

43 동물성 지방을 과다 섭취하였을 때 발생할 가능성이 높아지는 질병은?

① 신장병   ② 골다공증

③ 부종   ④ 동맥경화증

44 소독제로 가장 많이 사용되는 알코올의 농도는?

① 30%   ② 50%

③ 70%   ④ 100%

45 필수지방산의 기능이 아닌 것은?

① 머리카락, 손톱의 구성 성분이다.

② 세포막의 구조적 성분이다.

③ 혈청 콜레스테롤을 감소시킨다.

④ 뇌와 신경조직, 시각기능을 유지시킨다.

46 카로틴은 동물 체내에서 어떤 비타민으로 변하는가?

① 비타민 B   ② 비타민 B_1

③ 비타민 A   ④ 비타민 C

47 흰쥐의 사료에 제인(zein)을 쓰면 체중이 감소한다. 어떤 아미노산을 첨가하면 체중 저하를 방지할 수 있는가?

① 발린(valine)

② 트립토판(tryptophan)

③ 글루타민산(glutamic acid)

④ 알라닌(alanine)

48 과자류 제품에 사용되는 알코올성 향료의 특징으로 틀린 것은?

① 에틸알코올에 향 물질을 용해시킨 향료이다.

② 기름에 용해되지 않고 물에 잘 용해된다.

③ 휘발성이 낮아 굽는 과정에서 향의 손실이 적다.

④ 고농도의 제품을 만들기 어렵다.

답안 표기란

43	① ② ③ ④
44	① ② ③ ④
45	① ② ③ ④
46	① ② ③ ④
47	① ② ③ ④
48	① ② ③ ④

49 성장촉진 작용을 하며 피부나 점막을 조절하고 부족하면 구각염이나 설염을 유발시키는 비타민은?

① 비타민 A
② 비타민 B_1
③ 비타민 B_2
④ 비타민 B_{12}

50 핑크색 합성 색소로서 유해한 것은?

① 아우라민(auramine)
② P-니트로아닐린(nitroanlilin)
③ 로다민(rhodamine) B
④ 둘신(dulcin)

51 세균성 식중독의 예방원칙에 해당되지 않는 것은?

① 세균 오염 방지
② 세균 가열 방지
③ 세균 증식 방지
④ 세균의 사멸

52 다음 중 곰팡이독이 아닌 것은?

① 아플라톡신
② 시트리닌
③ 삭시톡신
④ 파툴린

53 식품첨가물 중 보존료의 조건이 아닌 것은?

① 변패를 일으키는 각종 미생물의 증식을 억제할 것
② 무미, 무취하고 자극성이 없을 것
③ 식품의 성분과 반응을 잘하여 성분을 변화시킬 것
④ 장기간 효력을 나타낼 것

54 다음 첨가물 중 합성보존료가 아닌 것은?

① 데히드로초산
② 소르빈산
③ 차아염소산나트륨
④ 프로피온산나트륨

55 인수공통감염병 중 오염된 우유나 유제품을 통해 사람에게 감염되는 것은?

① 탄저
② 결핵
③ 야토병
④ 구제역

답안 표기란

49	① ② ③ ④
50	① ② ③ ④
51	① ② ③ ④
52	① ② ③ ④
53	① ② ③ ④
54	① ② ③ ④
55	① ② ③ ④

56 식품 또는 식품첨가물을 채취, 제조, 가공, 조리, 저장, 운반 또는 판매하는 직접 종사자들이 정기건강진단을 받아야 하는 주기는?

① 1회/월　　　　　　② 1회/3개월

③ 1회/6개월　　　　 ④ 1회/년

57 일반적으로 식품의 저온 살균온도로 가장 적합한 것은?

① 20~30℃　　　　② 60~70℃

③ 100~110℃　　 ④ 130~140℃

58 폐디스토마의 제1중간숙주는?

① 쇠고기　　　　　② 배추

③ 다슬기　　　　　④ 붕어

59 식품첨가물의 구비 조건이 아닌 것은?

① 인체에 유해한 영향을 미치지 않을 것
② 식품의 영양가를 유지할 것
③ 식품에 나쁜 이화학적 변화를 주지 않을 것
④ 소량으로는 충분한 효과가 나타나지 않을 것

60 다음 중 식품위생법에서 정하는 식품접객업에 속하지 않는 것은?

① 식품소분업　　　② 유흥주점

③ 제과점　　　　　④ 휴게음식점

제과기능사 필기 빈출 문제 ❼

수험번호 :

수험자명 :

제한 시간 : 60분
남은 시간 : 60분

QR코드를 스캔하면 스마트폰을 활용한
모바일 모의고사를 이용할 수 있습니다.

전체 문제 수 : 60
안 푼 문제 수 : ☐

답안 표기란

1	①	②	③	④
2	①	②	③	④
3	①	②	③	④
4	①	②	③	④
5	①	②	③	④

1 로-마지팬(raw mazipan)에서 '아몬드 : 설탕'의 적합한 혼합비율은?

① 1 : 0.5
② 1 : 1.5
③ 1 : 2.5
④ 1 : 3.5

2 쿠키 포장지의 특성으로 적합하지 않은 것은?

① 내용물의 색, 향이 변하지 않아야 한다.
② 독성 물질이 생성되지 않아야 한다.
③ 통기성이 있어야 한다.
④ 방습성이 있어야 한다.

3 커스터드 푸딩을 컵에 채워 몇 ℃의 오븐에서 중탕으로 굽는 것이 가장 적당한가?

① 160~170℃
② 190~200℃
③ 201~220℃
④ 230~240℃

4 다크 초콜릿을 템퍼링(tempering) 할 때 맨 처음 녹이는 공정의 온도 범위로 가장 적합한 것은?

① 10~20℃
② 20~30℃
③ 30~40℃
④ 40~50℃

5 다음 중 반죽의 pH가 가장 낮아야 좋은 제품은?

① 화이트 레이어 케이크
② 스펀지 케이크
③ 엔젤 푸드 케이크
④ 파운드 케이크

답안 표기란

6	① ② ③ ④
7	① ② ③ ④
8	① ② ③ ④
9	① ② ③ ④
10	① ② ③ ④
11	① ② ③ ④

6 일반 파운드 케이크와는 달리 마블 파운드 케이크에 첨가하여 색상을 나타내는 재료는?

① 코코아   ② 버터

③ 밀가루   ④ 달걀

7 충전물 또는 젤리가 롤 케이크에 축축하게 스며드는 것을 막기 위해 조치해야 할 사항으로 틀린 것은?

① 굽기 조정   ② 물 사용량 감소

③ 반죽 시간 증가   ④ 밀가루 사용량 감소

8 쇼트브레드 쿠키 제조 시 휴지를 시킬 때 성형을 용이하게 하기 위한 조치는?

① 반죽을 뜨겁게 한다.

② 반죽을 차게 한다.

③ 휴지 전 단계에서 오랫동안 믹싱한다.

④ 휴지 전 단계에서 짧게 믹싱한다.

9 데코레이션 케이크 하나를 완성하는 데 한 작업자가 5분이 걸린다고 한다. 작업자 5명이 500개를 만드는 데 몇 시간 몇 분이 걸리는가?

① 약 8시간 15분   ② 약 8시간 20분

③ 약 8시간 25분   ④ 약 8시간 30분

10 퐁당(fondant)에 대한 설명으로 가장 적합한 것은?

① 시럽을 214℃까지 끓인다.

② 40℃ 전후로 식혀서 휘젓는다.

③ 굳으면 설탕 1 : 물 1로 만든 시럽을 첨가한다.

④ 유화제를 사용하면 부드럽게 할 수 있다.

11 오버베이킹(over baking)에 대한 설명으로 옳은 것은?

① 낮은 온도의 오븐에서 굽는다.

② 윗면 가운데가 올라오기 쉽다.

③ 제품에 남는 수분이 많아진다.

④ 중심 부분이 익지 않을 경우 주저앉기 쉽다.

12 완성된 반죽형 케이크가 단단하고 질길 때 그 원인이 아닌 것은?

① 부적절한 밀가루의 사용

② 달걀의 과다 사용

③ 높은 굽기 온도

④ 팽창제의 과다 사용

13 블렌딩법으로 제조할 경우 해당하는 사항은?

① 달걀과 설탕을 넣고 거품 올리기 전 온도를 43℃로 중탕한다.

② 21℃ 정도의 품온을 갖는 유지를 사용하여 배합을 한다.

③ 젖은 상태(wet peak) 머랭을 사용하여 밀가루와 혼합한다.

④ 반죽기의 반죽속도는 고속-중속-고속의 순서로 진행한다.

14 파운드 케이크 제조 시 이중팬을 사용하는 목적이 아닌 것은?

① 제품 바닥의 두꺼운 껍질 형성을 방지하기 위하여

② 제품 옆면의 두꺼운 껍질 형성을 방지하기 위하여

③ 제품의 조직과 맛을 좋게 하기 위하여

④ 오븐에서의 열전도 효율을 높이기 위하여

15 일반적인 케이크 반죽의 팬닝 시 주의점이 아닌 것은?

① 종이 깔개를 사용한다.

② 철판에 넣은 반죽은 두께가 일정하게 되도록 펴준다.

③ 팬기름을 많이 바른다.

④ 팬닝 후 즉시 굽는다.

16 유화 쇼트닝을 60% 사용해야 할 옐로우 레이어 케이크 배합에 32%의 초콜릿을 넣어 초콜릿 케이크를 만든다면 원래의 쇼트닝 60%는 얼마로 조절해야 하는가?

① 48%

② 54%

③ 60%

④ 72%

답안 표기란

12	① ② ③ ④
13	① ② ③ ④
14	① ② ③ ④
15	① ② ③ ④
16	① ② ③ ④

답안 표기란

17 ① ② ③ ④
18 ① ② ③ ④
19 ① ② ③ ④
20 ① ② ③ ④
21 ① ② ③ ④
22 ① ② ③ ④

17 여름철(실온 30℃)에 사과 파이 껍질을 제조할 때 적당한 물의 온도는?

① 4℃

② 19℃

③ 28℃

④ 35℃

18 커스터드 푸딩은 틀에 몇 % 정도 채우는가?

① 55%

② 75%

③ 95%

④ 115%

19 퍼프 페이스트리의 팽창은 주로 무엇에 기인하는가?

① 공기 팽창

② 화학 팽창

③ 증기압 팽창

④ 이스트 팽창

20 믹싱의 효과로 거리가 먼 것은?

① 원료의 균일한 분산

② 반죽의 글루텐 형성

③ 이물질 제거

④ 반죽에 공기 혼입

21 메이스(mace)와 같은 나무에서 생산되는 것으로 단맛의 향기가 있는 향신료는?

① 넛메그

② 시나몬

③ 클로브

④ 오레가노

22 초콜릿의 보관온도 및 습도로 가장 알맞은 것은?

① 온도 18℃, 습도 45%

② 온도 24℃, 습도 60%

③ 온도 30℃, 습도 70%

④ 온도 36℃, 습도 80%

23 코코아, 바닐라, 당밀 등은 무슨 향료에 속하는가?

① 천연 향료　　　　② 합성 향료

③ 조합 향료　　　　④ 유화 향료

24 팽창제에 대한 설명 중 틀린 것은?

① 가스를 발생시키는 물질이다.

② 반죽을 부풀게 한다.

③ 제품에 부드러운 조직을 부여해 준다.

④ 제품에 질긴 성질을 준다.

25 시유의 탄수화물 중 함량이 가장 많은 것은?

① 포도당　　　　② 과당

③ 맥아당　　　　④ 유당

26 우유 단백질 중 카제인의 함량은?

① 약 30%　　　　② 약 80%

③ 약 95%　　　　④ 약 50%

27 다음 중 신선한 달걀의 특징은?

① 8% 식염수에 뜬다.

② 흔들었을 때 소리가 난다.

③ 난황계수가 0.1 이하이다.

④ 껍질에 광택이 없고 거칠다.

28 자유수를 올바르게 설명한 것은?

① 당류와 같은 용질에 작용하지 않는다.

② 0℃ 이하에서도 얼지 않는다.

③ 정상적인 물보다 그 밀도가 크다.

④ 염류, 당류 등을 녹이고 용매로서 작용한다.

답안 표기란

23　① ② ③ ④
24　① ② ③ ④
25　① ② ③ ④
26　① ② ③ ④
27　① ② ③ ④
28　① ② ③ ④

답안 표기란

29 ① ② ③ ④
30 ① ② ③ ④
31 ① ② ③ ④
32 ① ② ③ ④
33 ① ② ③ ④
34 ① ② ③ ④
35 ① ② ③ ④

29 비터 초콜릿(bitter chocolate) 원액 속에 포함된 코코아 함량은 얼마인가?

① 3/8
② 4/8
③ 5/8
④ 7/8

30 잎을 건조시켜 만든 향신료는?

① 계피
② 넛메그
③ 메이스
④ 오레가노

31 케이크, 쿠키, 파이, 페이스트리용 밀가루의 제과 적성 및 점성을 측정하는 기구는?

① 아밀로그래프
② 패리노그래프
③ 애그트론
④ 맥미카엘 점도계

32 다음 중 단당류가 아닌 것은?

① 갈락토오스
② 포도당
③ 과당
④ 맥아당

33 달걀의 일반적인 수분 함량은?

① 50%
② 75%
③ 88%
④ 90%

34 다당류에 속하는 것은?

① 이눌린
② 맥아당
③ 포도당
④ 설탕

35 향신료(spices)를 사용하는 목적 중 틀린 것은?

① 향기를 부여하여 식욕을 증진시킨다.
② 육류나 생선의 냄새를 완화시킨다.
③ 매운 맛과 향기로 혀, 코, 위장을 자극하여 식욕을 억제시킨다.
④ 제품에 식욕을 불러일으키는 색을 부여한다.

36 신경조직의 주요 물질인 당지질은?

① 세레브로시드(cerebroside)

② 스핑고미엘린(sphingomyelin)

③ 레시틴(lecithin)

④ 이노시톨(inositol)

37 다음 중 감미도가 가장 높은 당은?

① 유당(lactose) ② 포도당(glucose)

③ 설탕(sucrose) ④ 과당(fructose)

38 콜레스테롤에 관한 설명 중 잘못된 것은?

① 담즙의 성분이다.

② 비타민 D_3의 전구체가 된다.

③ 탄수화물 중 다당류에 속한다.

④ 다량 섭취 시 동맥경화의 원인 물질이 된다.

39 다음 곡물 전분입자 중 크기가 가장 작은 것은?

① 감자 전분 ② 고구마 전분

③ 소맥 전분 ④ 쌀 전분

40 글리세린에 대한 설명으로 틀린 것은?

① 지방산을 가수분해하여 만든다.

② 흡습성이 강하다.

③ 무색투명하며 약간 점조한 액체이다.

④ 자당의 1/3 정도의 감미가 있다.

41 전분을 가수분해할 때 처음 생성되는 덱스트린은?

① 에리트로덱스트린(erythrodextrin)

② 아밀로덱스트린(anylodextrin)

③ 아크로덱스트린(ackrodextrin)

④ 말토덱스트린(maltodextrin)

답안 표기란

36 ① ② ③ ④
37 ① ② ③ ④
38 ① ② ③ ④
39 ① ② ③ ④
40 ① ② ③ ④
41 ① ② ③ ④

42 포도당 신생 작용(당신생)에 의해 포도당을 만들 수 없는 물질은?

① 과당
② 피루브산
③ 비타민
④ 글리세롤

43 산과 알칼리 및 열에서 비교적 안정하고 칼슘의 흡수를 도우며 골격 발육과 관계 깊은 비타민은?

① 비타민 A
② 비타민 B_1
③ 비타민 D
④ 비타민 E

44 새우, 게 등의 겉껍질을 구성하는 chitin의 주된 단위성분은?

① 갈락토사민(galactosamine)
② 글루코사민(glucosamine)
③ 글루쿠로닉산(glucuronic acid)
④ 갈락투로닉산(galacturonic acid)

45 글리세롤 1분자에 지방산, 인산, 콜린이 결합한 지질은?

① 레시틴
② 에르고스테롤
③ 콜레스테롤
④ 세파

46 효소를 구성하는 주성분에 대한 설명으로 틀린 것은?

① 탄소, 수소, 산소, 질소 등의 원소로 구성되어 있다.
② 아미노산이 펩티드결합을 하고 있는 구조이다.
③ 열에 안정하여 가열하여도 변성되지 않는다.
④ 섭취 시 4kcal의 열량을 낸다.

47 유당불내증이 있는 사람에게 적합한 식품은?

① 우유
② 크림소스
③ 요구르트
④ 크림스프

48 다음 중 식물계에는 존재하지 않는 당은?

① 과당
② 유당
③ 설탕
④ 맥아당

답안 표기란

42	① ② ③ ④
43	① ② ③ ④
44	① ② ③ ④
45	① ② ③ ④
46	① ② ③ ④
47	① ② ③ ④
48	① ② ③ ④

49 다음 무기질 중에서 혈액 응고, 효소 작용, 막의 투과작용에 필요한 것은?

① 요오드
② 나트륨
③ 마그네슘
④ 칼슘

50 젤라틴에 대한 설명으로 틀린 것은?

① 순수한 젤라틴은 무색, 무미, 무색이다.
② 해조류인 우뭇가사리에서 추출된다.
③ 끓는 물에 용해되며, 냉각되면 단단한 젤(gel) 상태가 된다.
④ 산성 용액 중에서 가열하면 젤 능력이 줄거나 없어진다.

51 다음 중 독버섯 독성분은?

① 솔라닌(solanine)
② 에르고톡신(ergotoxin)
③ 무스카린(muscarine)
④ 베네루핀(venerupin)

52 열량 영양소의 단위 g당 칼로리의 설명으로 옳은 것은?

① 단백질은 지방보다 칼로리가 많다.
② 탄수화물은 지방보다 칼로리가 적다.
③ 탄수화물은 단백질보다 칼로리가 적다.
④ 탄수화물은 단백질보다 칼로리가 많다.

53 다음 중 인수공통감염병은?

① 폴리오
② 이질
③ 야토병
④ 감염성 설사병

54 식품의 부패를 판정할 때 화학적 판정 방법이 아닌 것은?

① TMA 측정
② ATP 측정
③ LD_{50} 측정
④ VBN 측정

55 손에 화농성 염증이 있는 조리자가 만든 김밥을 먹고 감염될 수 있는 식중독은?

① 비브리오 패혈증
② 살모넬라 식중독
③ 보툴리누스 식중독
④ 황색포도상구균 식중독

답안 표기란

49	① ② ③ ④
50	① ② ③ ④
51	① ② ③ ④
52	① ② ③ ④
53	① ② ③ ④
54	① ② ③ ④
55	① ② ③ ④

56 화학물질에 의한 식중독의 원인이 아닌 것은?

① 불량 첨가물　　　　② 농약

③ 엔테로톡신　　　　④ 메탄올

57 장티푸스에 대한 일반적인 설명으로 잘못된 것은?

① 잠복기간은 7~14일이다.

② 사망률은 10~20%이다.

③ 앓고 난 뒤 강한 면역이 생긴다.

④ 예방할 수 있는 백신은 개발되어 있지 않다.

58 유지의 산패요인과 거리가 먼 것은?

① 광선　　　　　　　② 수분

③ 금속　　　　　　　④ 질소

59 식자재의 교차오염을 예방하기 위한 보관방법으로 잘못된 것은?

① 원재료와 완성품 구분하여 보관

② 바닥과 벽으로부터 일정거리를 띄워 보관

③ 뚜껑이 있는 청결한 용기에 덮개를 덮어서 보관

④ 식자재와 비식자재를 함께 식품창고에 보관

60 아포형성균의 멸균에 가장 좋은 방법은?

① 저온소독법　　　　② 일광소독법

③ 초고온순간멸균법　④ 고압증기멸균법

제과기능사 필기 빈출 문제 ❽

수험번호 :

수험자명 :

 제한 시간 : 60분
남은 시간 : 60분

 QR코드를 스캔하면 스마트폰을 활용한
모바일 모의고사를 이용할 수 있습니다.

전체 문제 수 : 60
안 푼 문제 수 : [ ]

답안 표기란				
1	①	②	③	④
2	①	②	③	④
3	①	②	③	④
4	①	②	③	④
5	①	②	③	④

1 다음 중 화학적 팽창 제품이 아닌 것은?

① 과일 케이크

② 팬 케이크

③ 파운드 케이크

④ 시폰 케이크

2 파운드 케이크 반죽을 가로 5cm, 세로 12cm, 높이 5cm의 소형 파운드 팬에 100개 팬닝하려고 한다. 총 반죽의 무게로 알맞은 것은?(단, 파운드 케이크의 비용적은 2.40cm³/g이다)

① 11kg

② 11.5kg

③ 12kg

④ 12.5kg

3 좋은 튀김기름의 조건이 아닌 것은?

① 천연의 항산화제가 있다.

② 발연점이 높다.

③ 수분이 10% 정도이다.

④ 저장성과 안정성이 높다.

4 슈 제조 시 굽기 중간에 오븐 문을 자주 열어주면 완제품은 어떻게 되는가?

① 껍질색이 유백색이 된다.

② 부피 팽창이 적게 된다.

③ 제품 내부에 공간이 크게 된다.

④ 울퉁불퉁하고 벌어진다.

5 케이크 반죽의 pH가 적정 범위를 벗어나 알칼리일 경우 제품에서 나타나는 현상은?

① 부피가 작다.

② 향이 약하다.

③ 껍질색이 여리다.

④ 기공이 거칠다.

답안 표기란

6 ① ② ③ ④
7 ① ② ③ ④
8 ① ② ③ ④
9 ① ② ③ ④
10 ① ② ③ ④
11 ① ② ③ ④

6 비중과 관련이 없는 것은?

① 완제품의 조직
② 기공의 크기
③ 완제품의 크기
④ 팬 용적

7 제과용 포장재로 적합하지 않은 것은?

① P.E(Poly Ethylene)
② O.P.P(Oriented Poly Propylene)
③ P.P(Poly Propylene)
④ 흰색의 형광 종이

8 생크림 보존 온도로 가장 적합한 것은?

① −18℃ 이하
② −5~−1℃
③ 0~10℃
④ 15~18℃

9 다음 제품 중 냉과류에 속하는 제품은?

① 무스 케이크
② 젤리 롤 케이크
③ 양갱
④ 시폰 케이크

10 다음 중 쿠키의 퍼짐성이 작은 이유가 아닌 것은?

① 믹싱이 지나침
② 높은 온도의 오븐
③ 너무 진 반죽
④ 너무 고운 입자의 설탕 사용

11 비스킷 제조에 가장 부적당한 밀가루는?

① 강력분
② 중력분
③ 박력분+중력분
④ 박력분

12 다음 중 제과용 믹서로 적합하지 않은 것은?

① 에어 믹서   ② 버티컬 믹서

③ 연속식 믹서   ④ 스파이럴 믹서

13 버터 크림 제조 시 당액의 온도로 가장 알맞은 것은?

① 80~90℃   ② 98~104℃

③ 114~118℃   ④ 150~155℃

14 스펀지 케이크를 부풀리는 방법은?

① 달걀의 기포성에 의한 방법

② 이스트에 의한 방법

③ 화학팽창제에 의한 방법

④ 수증기 팽창에 의한 방법

15 저율배합의 특징으로 옳은 것은?

① 저장성이 짧다.   ② 제품이 부드럽다.

③ 저온에서 굽기 한다.   ④ 반죽이 가볍다.

16 반죽의 온도가 정상보다 높을 때, 예상되는 결과는?

① 기공이 밀착된다.   ② 노화가 촉진된다.

③ 표면이 터진다.   ④ 부피가 작다.

17 반죽 무게를 이용하여 반죽의 비중 측정 시 필요한 것은?

① 밀가루 무게   ② 물 무게

③ 용기 무게   ④ 설탕 무게

18 파이의 껍질이 질기고 단단한 원인이 아닌 것은?

① 강력분을 사용했다.

② 반죽 시간이 길었다.

③ 밀어펴기를 덜하였다.

④ 자투리 반죽을 많이 썼다.

답안 표기란

19 ① ② ③ ④
20 ① ② ③ ④
21 ① ② ③ ④
22 ① ② ③ ④
23 ① ② ③ ④
24 ① ② ③ ④

19 모카 아이싱(mocha icing)의 특징을 결정하는 재료는?

① 커피　　　　　　　② 코코아
③ 초콜릿　　　　　　④ 분당

20 파이 껍질에 있어 착색제의 역할을 하는 물질과 가장 거리가 먼 것은?

① 설탕　　　　　　　② 중조
③ 유화제　　　　　　④ 포도당

21 단당류의 성질에 대한 설명 중 틀린 것은?

① 선광성이 있다.
② 물에 용해되어 단맛을 가진다.
③ 산화되어 다양한 알코올을 생성한다.
④ 분자 내의 카르보닐기에 의하여 환원성을 가진다.

22 다음 중 설탕의 분자식은?

① $C_{12}H_{12}O_6$　　　　　② $C_6H_{12}O_6$
③ $C_{12}H_{22}O_{11}$　　　　　④ $C_6H_{12}O_{11}$

23 지방 분해효소와 관계없는 것은?

① 리파아제　　　　　② 스테압신
③ 포스포리파아제　　④ 말타아제

24 다음 중 중화가를 구하는 식은?

① $\dfrac{중조의\ 양}{산성제의\ 양} \times 100$

② $\dfrac{중조의\ 양}{산성제의\ 양}$

③ $\dfrac{산성제의\ 양 \times 중조의\ 양}{산성제의\ 양} \times 100$

④ 중조의 양 $\times 100$

25 메성 옥수수(mon-waxy corn) 전분의 호화 온도는?

① 45℃　　　　　　　　② 70℃

③ 80℃　　　　　　　　④ 95℃

26 일반적으로 가소성 유지제품(쇼트닝, 마가린, 버터 등)은 상온에서 고형질이 얼마나 들어있는가?

① 20~30%　　　　　　② 50~60%

③ 70~80%　　　　　　④ 90~100%

27 마가린의 산화방지제로 주로 많이 이용되는 것은?

① BHA　　　　　　　　② PG

③ EP　　　　　　　　④ EDGA

28 물의 기능이 아닌 것은?

① 유화 작용을 한다.

② 반죽 농도를 조절한다.

③ 소금 등의 재료를 분산시킨다.

④ 효소의 활성을 제공한다.

29 달걀이 오래되면 어떠한 현상이 나타나는가?

① 비중이 무거워진다.

② 점도가 감소한다.

③ pH가 떨어져 산패된다.

④ 기실이 없어진다.

30 베이킹파우더의 산-반응물질(acid-reacting material)이 아닌 것은?

① 주석산과 주석산염　　② 인산과 인산염

③ 알루미늄 물질　　　　④ 중탄산과 중탄산염

답안 표기란

25　① ② ③ ④
26　① ② ③ ④
27　① ② ③ ④
28　① ② ③ ④
29　① ② ③ ④
30　① ② ③ ④

31 감미만을 고려할 때 설탕 100g을 포도당으로 대치한다면 약 얼마를 사용하는 것이 좋은가?

① 75g
② 100g
③ 130g
④ 170g

32 마요네즈를 만드는 데 노른자가 500g 필요하다. 껍질 포함 60g짜리 달걀을 몇 개 준비해야 하는가?

① 10개
② 14개
③ 28개
④ 56개

33 휘핑크림과 아이스크림 믹스의 유화 안정을 위한 안정제와 거리가 먼 것은?

① 가티 검(ghatti gum)
② 구아 검(guar gum)
③ 로커스트 빈 검(locust bean gum)
④ 크산틴 검(xanthan gum)

34 커스터드 크림에서 달걀의 주요 역할은?

① 영양가
② 결합제
③ 팽창제
④ 저장성

35 다음 중 밀가루에 함유되어 있지 않은 색소는?

① 카로틴
② 멜라닌
③ 크산토필
④ 플라본

36 가장 광범위하게 사용되는 베이킹파우더(baking powder)의 주성분은?

① $CaHpO_4$
② $NaHCO_3$
③ Na_2CO_3
④ NH_4Cl

31	① ② ③ ④
32	① ② ③ ④
33	① ② ③ ④
34	① ② ③ ④
35	① ② ③ ④
36	① ② ③ ④

37 우유에서 유지방을 분리하고 나머지를 가열 건조시킨 것은?

① 전지분유
② 발효유
③ 고지방분유
④ 탈지분유

38 비터 초콜릿(bitter chocolate) 32% 중에서 코코아가 약 얼마 정도 함유되어 있는가?

① 8%
② 16%
③ 20%
④ 24%

39 파이용 크림 제조 시 농후화제(thickening agent)로 쓰이지 않는 것은?

① 전분
② 달걀
③ 밀가루
④ 중조

40 쿠키에 사용하는 중조에 대한 설명으로 틀린 것은?

① 과다 사용 시 색상이 어두워진다.
② 과다 사용 시 비누맛, 소다맛을 낸다.
③ 천연산에 의해 중화된다.
④ 쿠키를 단단하게 한다.

41 건조된 아몬드 100g은 탄수화물 16g, 단백질 18g, 지방 54g, 무기질 3g, 수분 6g, 기타성분 등을 함유하고 있다면 이 건조된 아몬드 100g의 열량은?

① 약 200kcal
② 약 364kcal
③ 약 622kcal
④ 약 751kcal

42 알코올 1g당 열량산출 기준은?

① 0kcal
② 4kcal
③ 7kcal
④ 9kcal

답안 표기란				
37	①	②	③	④
38	①	②	③	④
39	①	②	③	④
40	①	②	③	④
41	①	②	③	④
42	①	②	③	④

43 다음 중 개인위생과 거리가 먼 것은?

① 제과종사자의 건강진단은 3년에 1회 실시한다.
② 모든 제과종사자는 보건증을 발급받아야 한다.
③ 긴 머리는 머리망을 사용하여 깨끗하게 묶는다.
④ 작업장에서는 반지 등 장신구 착용을 금한다.

44 단백질의 가장 주요한 기능은?

① 체온 유지
② 유화작용
③ 체조직 구성
④ 체액의 압력조절

45 발연점을 고려했을 때 튀김기름으로 가장 좋은 것은?

① 낙화생유
② 올리브유
③ 라드
④ 면실유

46 아미노산과 아미노산과의 결합은?

① 글리코사이드 결합
② 펩타이드 결합
③ $\alpha-1,4$결합
④ 에스테르 결합

47 반추위 동물의 위액에 존재하는 우유 응유효소는?

① 펩틴
② 트립신
③ 레닌
④ 펩티다아제

48 티아민(thiamin)의 생리작용과 관계가 없는 것은?

① 각기병
② 구순구각염
③ 에너지 대사
④ TPP로 전환

답안 표기란

43	① ② ③ ④
44	① ② ③ ④
45	① ② ③ ④
46	① ② ③ ④
47	① ② ③ ④
48	① ② ③ ④

답안 표기란

49 ① ② ③ ④
50 ① ② ③ ④
51 ① ② ③ ④
52 ① ② ③ ④
53 ① ② ③ ④
54 ① ② ③ ④

49 1일 섭취 열량이 2,000kcal인 성인의 경우 지방에 의한 섭취 열량으로 가장 적합한 것은?

① 700~900kcal
② 500~700kcal
③ 300~500kcal
④ 100~300kcal

50 화이트 초콜릿에는 코코아 고형분이 얼마나 들어있는가?

① 62.5%
② 30%
③ 14%
④ 0%

51 신선도가 저하된 꽁치, 고등어 등의 섭취로 인한 알레르기성 식중독의 원인 성분은?

① 트리메틸아민
② 히스타민
③ 엔테로톡신
④ 시큐톡신

52 부패의 진행에 수반하여 생기는 부패산물이 아닌 것은?

① 암모니아
② 황화수소
③ 메르캅탄
④ 일산화탄소

53 식중독의 원인이 될 수 있는 것과 거리가 먼 것은?

① Pb(납)
② Ca(칼슘)
③ Hg(수은)
④ Cd(카드뮴)

54 환경 중의 가스를 조절함으로써 채소와 과일의 변질을 억제하는 방법은?

① 변형공기포장
② 무균포장
③ 상업적 살균
④ 통조림

답안 표기란

55	① ② ③ ④
56	① ② ③ ④
57	① ② ③ ④
58	① ② ③ ④
59	① ② ③ ④
60	① ② ③ ④

55 노로바이러스에 대한 설명으로 틀린 것은?

① 이중 나선구조 RNA 바이러스이다.

② 사람에게 급성장염을 일으킨다.

③ 오염 음식물을 섭취하거나 감염자와 접촉하면 전염된다.

④ 환자가 접촉한 타월이나 구토물 등은 바로 세탁하거나 제거하여야 한다.

56 식품첨가물의 종류와 그 용도의 연결이 틀린 것은?

① 발색제 – 인공적 착색으로 관능성 향상

② 산화방지제 – 유지식품의 변질 방지

③ 표백제 – 색소물질 및 발색성 물질 분해

④ 소포제 – 거품 소멸 및 억제

57 사람에게 영향을 미치는 결핵균의 병원체를 보유하고 있는 동물은?

① 쥐 ② 소

③ 말 ④ 돼지

58 세균성 식중독 중 일반적으로 잠복기가 가장 짧은 것은?

① 살모넬라 식중독

② 포도상구균 식중독

③ 장염 비브리오 식중독

④ 클로스트리디움 보툴리눔 식중독

59 쥐나 곤충류에 의해서 발생될 수 있는 식중독은?

① 살모넬라 식중독

② 클로스트리디움 보툴리눔 식중독

③ 포도상구균 식중독

④ 장염 비브리오 식중독

60 세균이 분비한 독소에 의해 감염을 일으키는 것은?

① 감염형 세균성 식중독 ② 독소형 세균성 식중독

③ 화학성 식중독 ④ 진균독 식중독

제과기능사 필기 빈출 문제 ❾

수험번호 :

수험자명 :

⏱ 제한 시간 : 60분
남은 시간 : 60분

QR코드를 스캔하면 스마트폰을 활용한
모바일 모의고사를 이용할 수 있습니다.

전체 문제 수 : **60**
안 푼 문제 수 :

답안 표기란				
1	①	②	③	④
2	①	②	③	④
3	①	②	③	④
4	①	②	③	④
5	①	②	③	④

1 반죽형으로 제조되는 케이크 제품은?

① 파운드 케이크
② 시폰 케이크
③ 레몬 시트론 케이크
④ 스파이스 케이크

2 시폰 케이크 제조 시 냉각 전에 팬에서 분리되는 결점이 나타났을 때의 원인과 거리가 먼 것은?

① 굽기 시간이 짧다.
② 밀가루 양이 많다.
③ 반죽에 수분이 많다.
④ 오븐 온도가 낮다.

3 비중이 0.75인 과자 반죽 1L의 무게는?

① 75g
② 750g
③ 375g
④ 1750g

4 다음 제품 중 반죽 희망 온도가 가장 낮은 것은?

① 슈
② 퍼프 페이스트리
③ 카스테라
④ 파운드 케이크

5 파운드 케이크의 표피를 터지지 않게 하려고 할 때 오븐의 조작 중 가장 좋은 방법은?

① 뚜껑을 처음부터 덮어 굽는다.
② 10분간 굽기를 한 후 뚜껑을 덮는다.
③ 20분간 굽기를 한 후 뚜껑을 덮는다.
④ 뚜껑을 덮지 않고 굽는다.

6 다음 중 일반적인 제품의 비용적이 틀린 것은?

① 파운드 케이크 : 2.40cm³/g

② 엔젤 푸드 케이크 : 4.71cm³/g

③ 레이어 케이크 : 5.05cm³/g

④ 스펀지 케이크 : 5.08cm³/g

7 데커레이션 케이크의 장식에 사용되는 분당의 성분은?

① 포도당   ② 설탕

③ 과당   ④ 전화당

8 파운드 케이크를 팬닝할 때 밑면의 껍질 형성을 방지하기 위한 팬으로 가장 적합한 것은?

① 일반팬   ② 이중팬

③ 은박팬   ④ 종이팬

9 직접배합에 사용하는 물의 온도로 반죽 온도 조절이 편리한 제품은?

① 젤리 롤 케이크   ② 과일 케이크

③ 퍼프 페이스트리   ④ 버터 스펀지 케이크

10 슈 재료의 계량 시 같이 계량하여서는 안 될 재료로 짝지어진 것은?

① 버터+물   ② 물+소금

③ 버터+소금   ④ 밀가루+베이킹파우더

11 핑거 쿠키 성형 방법으로 옳지 않은 것은?

① 원형 깍지를 이용하여 일정한 간격으로 짠다.

② 철판에 기름을 바르고 짠다.

③ 5~6cm 정도의 길이로 짠다.

④ 짠 뒤에 윗면에 고르게 설탕을 뿌려준다.

답안 표기란

6 ① ② ③ ④
7 ① ② ③ ④
8 ① ② ③ ④
9 ① ② ③ ④
10 ① ② ③ ④
11 ① ② ③ ④

12 다음 중 쿠키의 과도한 퍼짐 원인이 아닌 것은?

① 반죽의 되기가 너무 묽을 때
② 유지 함량이 적을 때
③ 설탕 사용량이 많을 때
④ 굽는 온도가 너무 낮을 때

13 원형팬의 용적 2.4cm³당 1g의 반죽을 넣으려 한다. 안치수로 팬의 직경이 10cm, 높이가 4cm라면 약 얼마의 반죽을 분할해 넣는가?

① 100g ② 130g
③ 170g ④ 200g

14 단순 아이싱을 만드는 데 들어가는 재료가 아닌 것은?

① 분당 ② 달걀
③ 물 ④ 물엿

15 믹서(mixer)의 구성에 해당되지 않는 것은?

① 믹서볼(mixer bowl) ② 휘퍼(whipper)
③ 비터(beater) ④ 배터(batter)

16 케이크 도넛 제품에서 반죽 온도의 영향으로 나타나는 현상이 아닌 것은?

① 팽창과잉이 일어난다.
② 모양이 일정하지 않다.
③ 흡유량이 많다.
④ 표면이 꺼칠하다.

17 반죽형 케이크 제조 시 중심부가 솟는 경우는?

① 굽기 시간의 증가
② 오븐 윗불이 약한 경우
③ 달걀 사용량의 증가
④ 유지 사용의 감소

답안 표기란

12	① ② ③ ④
13	① ② ③ ④
14	① ② ③ ④
15	① ② ③ ④
16	① ② ③ ④
17	① ② ③ ④

답안 표기란				
18	①	②	③	④
19	①	②	③	④
20	①	②	③	④
21	①	②	③	④
22	①	②	③	④
23	①	②	③	④
24	①	②	③	④

18 버터 크림을 만드는 데 사용하는 유지의 가장 중요한 기능은?

① 완충제 기능
② 크림화 기능
③ 호화 기능
④ 젤화 기능

19 도넛 설탕 아이싱을 사용할 때의 온도로 적합한 것은?

① 20℃ 전후
② 25℃ 전후
③ 40℃ 전후
④ 60℃ 전후

20 케이크 반죽의 팬닝에 대한 설명으로 틀린 것은?

① 케이크의 종류에 따라 반죽량을 다르게 팬닝한다.
② 새로운 팬은 비용적을 구하여 팬닝한다.
③ 팬용적을 구하기 힘든 경우는 유채씨를 사용하여 측정할 수 있다.
④ 비중이 무거운 반죽은 분할량을 작게 한다.

21 아이싱에 이용되는 퐁당(fondant)은 설탕의 어떤 성질을 이용하는가?

① 보습성
② 재결정성
③ 용해성
④ 전화당으로 변하는 성질

22 유지의 이중결합에 산소가 반응하여 생성되는 물질은?

① 유리지방산
② 모노글리세라이드
③ 불포화지방산
④ 과산화물

23 다음 중 지방 분해효소는?

① 리파아제
② 프로테아제
③ 찌마아제
④ 말타아제

24 전분의 호화됨에 따라 나타나는 현상이 아닌 것은?

① 팽윤에 의한 부피 팽창
② 방향 부동성의 손실
③ 용해 현상의 감소
④ 점도의 증가

25 박력분에 대한 설명으로 맞지 않는 것은?

① 단백질 함량이 20% 정도이다.
② 글루텐의 안정성이 약하다.
③ 튀김용 가루로 많이 사용된다.
④ 쿠키, 비스킷을 만드는 데 사용된다.

26 케이크에서 설탕의 역할과 거리가 먼 것은?

① 감미를 준다.
② 껍질색을 진하게 한다.
③ 수분보유력이 있어 노화가 지연된다.
④ 제품의 형태를 유지시킨다.

27 다음 중 불건성유에 속하지 않는 것은?

① 올리브유 ② 참기름
③ 파마자유 ④ 동백기름

28 다음 중 버터 크림 당액 제조 시 설탕에 대한 물 사용량으로 알맞은 것은?

① 25% ② 80%
③ 100% ④ 125%

29 굽기를 할 때 갈색화 반응을 가장 잘 일으키는 당은?

① 포도당 ② 과당
③ 갈락토오스 ④ 만노오스

30 다음 찌기에 대한 설명 중 틀린 것은?

① 수증기의 열이 대류현상으로 전달되는 현상을 이용한 조리법이다.
② 찌기를 할 때 적당한 물의 양은 물을 넣는 부분의 70~80%가 적당하다.
③ 찌기 도중 조미가 어렵다.
④ 찌기는 식품 자체가 가지고 있는 맛이 변질되기 쉽다.

답안 표기란				
25	①	②	③	④
26	①	②	③	④
27	①	②	③	④
28	①	②	③	④
29	①	②	③	④
30	①	②	③	④

31 케이크 제품에서 달걀의 기능이 아닌 것은?

① 영양가 증대 　　　② 결합제 역할
③ 유화작용 저해 　　　④ 수분 증발 감소

32 연수를 사용했을 때 나타나는 현상이 아닌 것은?

① 반죽의 점착성이 증가한다.
② 가수량이 감소한다.
③ 오븐스프링이 나쁘다.
④ 반죽의 탄력성이 강하다.

33 열대성 다년초의 다육질 뿌리로, 매운맛과 특유의 방향을 가지고 있는 향신료는?

① 넛메그 　　　② 계피
③ 올스파이스 　　　④ 생강

34 아이싱에 사용하는 안정제 중 적정한 농도의 설탕과 산이 있어야 쉽게 굳는 것은?

① 한천 　　　② 펙틴
③ 젤라틴 　　　④ 로커스트 빈 검

35 유지의 산화방지에 주로 사용되는 방법은?

① 수분 첨가 　　　② 비타민 E 첨가
③ 단백질 제거 　　　④ 가열 후 냉각

36 어떤 제품의 가격이 600원일 때 제조원가는?(단, 손실률은 10%이고, 이익률(마진률)은 15%, 가격은 부가가치세 10%를 포함한 가격이다)

① 431원 　　　② 444원
③ 474원 　　　④ 545원

37 우유의 성분 중 치즈를 만드는 원료는?

① 유지방 　　　② 카제인
③ 유당 　　　④ 비타민

38 분당이 저장 중 덩어리가 되는 것을 방지하기 위하여 옥수수 전분을 몇 % 정도 혼합하는가?

① 3% ② 7%
③ 12% ④ 15%

39 다음 중 달걀의 기능 중 빵의 노화를 지연시키는 기능을 무엇이라 하는가?

① 결합제 ② 농후화제
③ 팽창제 ④ 유화제

40 다음 중 전분의 노화가 가장 잘 일어나는 온도는?

① −50℃ ② −20℃
③ 2℃ ④ 30℃

41 리놀렌산의 급원식품으로 가장 적합한 것은?

① 라드 ② 들기름
③ 면실유 ④ 해바라기씨유

42 유지를 공기와의 접촉 하에 160~180℃로 가열할 때 일어나는 주반응은?

① malonaldehyde 생성
② 자동산화
③ 열산화
④ free radical 생성

43 성인의 단순갑상선종의 증상은?

① 갑상선이 비대해진다.
② 피부병이 발생한다.
③ 목소리가 쉰다.
④ 안구가 돌출된다.

답안 표기란

44	① ② ③ ④
45	① ② ③ ④
46	① ② ③ ④
47	① ② ③ ④
48	① ② ③ ④
49	① ② ③ ④

44 유지의 도움으로 흡수, 운반되는 비타민으로만 구성된 것은?

① 비타민 A, B, C, D

② 비타민 B, C, E, K

③ 비타민 A, B, C, K

④ 비타민 A, D, E, K

45 빈혈 예방과 관계가 가장 먼 영양소는?

① 철   ② 칼슘

③ 비타민 B_{12} ④ 코발트

46 이자액에서 분비되는 단백질 분해효소는?

① 프로테아제   ② 펩신

③ 트립신   ④ 레닌

47 소화기관에 대한 설명 중 틀린 것은?

① 위는 강알칼리의 위액을 분비한다.

② 이자(췌장)는 당 대사호르몬의 내분비선이다.

③ 소장은 영양분을 소화·흡수한다.

④ 대장은 수분을 흡수하는 역할을 한다.

48 당대사의 중심물질로 두뇌와 신경, 적혈구의 에너지원으로 이용되는 단당류는?

① 과당   ② 포도당

③ 맥아당   ④ 유당

49 다음 중 그 연결이 틀린 것은?

① 복합지질−스테롤류

② 단순지질−라드

③ 단순지질−식용유

④ 복합지질−인지질

50 다음 중 미량 무기질에 해당되는 것은?

① Fe ② P
③ Na ④ Mg

51 소규모 주방설비 중 작업의 효율성을 높이기 위한 작업 테이블의 위치로 가장 적당한 것은?

① 오븐 옆에 설치한다.
② 냉장고 옆에 설치한다.
③ 발효실 옆에 설치한다.
④ 주방의 중앙부에 설치한다.

52 미생물이 성장하는 데 필수적으로 필요한 요인이 아닌 것은?

① 적당한 온도 ② 적당한 햇빛
③ 적당한 수분 ④ 적당한 영양소

53 다음 중 분변소독에 가장 적합한 것은?

① 생석회 ② 약용비누
③ 과산화수소 ④ 표백분

54 채소와 과일의 가스 저장(CA 저장) 시 필수 요건이 아닌 것은?

① pH 조절 ② 기체의 조절
③ 냉장온도 유지 ④ 습도 유지

55 다음 중 바이러스에 의한 경구 감염병이 아닌 것은?

① 폴리오 ② 유행성간염
③ 전염성 설사 ④ 성홍열

56 냉장의 목적과 가장 관계가 먼 것은?

① 식품의 보존기간 연장
② 미생물의 멸균
③ 세균의 증식 억제
④ 식품의 자기호흡 지연

답안 표기란				
50	①	②	③	④
51	①	②	③	④
52	①	②	③	④
53	①	②	③	④
54	①	②	③	④
55	①	②	③	④
56	①	②	③	④

57 곰팡이의 대사생산물이 사람이나 동물에 어떤 질병이나 이상한 생리 작용을 유발하는 것은?

① 만성 감염병　　　　② 급성 감염병
③ 화학적 식중독　　　④ 진균독 식중독

58 냉각에 대한 설명 중 틀린 것은?

① 구운 제품을 냉각하지 않고 포장하게 되면 곰팡이나 기타 균이 발생할 수 있다.
② 구운 제품을 상온에 방치하는 것은 올바른 냉각법이 아니다.
③ 구운 직후의 제품은 매우 부드러워 절단하기 어렵기에 냉각 후 절단과 포장을 한다.
④ 35~40℃ 정도가 적당한 냉각 온도이다.

59 과산화수소의 사용 목적으로 알맞은 것은?

① 보존료　　　　　　② 발색제
③ 살균제　　　　　　④ 산화방지제

60 제과 작업에 종사해도 무관한 질병은?

① 이질　　　　　　　② 약물 중독
③ 결핵　　　　　　　④ 변비

제과기능사 필기 빈출 문제 ❿

수험번호 :

수험자명 :

제한 시간 : 60분
남은 시간 : 60분

QR코드를 스캔하면 스마트폰을 활용한
모바일 모의고사를 이용할 수 있습니다.

전체 문제 수 : 60
안 푼 문제 수 :

답안 표기란

1 ① ② ③ ④
2 ① ② ③ ④
3 ① ② ③ ④
4 ① ② ③ ④
5 ① ② ③ ④

1 전통적인 스펀지 케이크 반죽과 제노와즈 반죽의 가장 큰 차이점은?

① 유지 함량
② 설탕 함량
③ 달걀 함량
④ 밀가루 함량

2 반죽의 비중과 관계가 가장 적은 것은?

① 제품의 부피
② 제품의 기공
③ 제품의 조직
④ 제품의 점도

3 다음과 같은 조건일 때 반죽의 비중은?

보기	컵 무게 50g, 컵 포함 물 무게 100g, 컵 포함 반죽 무게 90g

① 0.8
② 0.7
③ 0.9
④ 1.0

4 푸딩 표면에 기포 자국이 많이 생기는 경우는?

① 가열이 지나친 경우
② 달걀의 양이 많은 경우
③ 달걀이 오래된 경우
④ 오븐 온도가 낮은 경우

5 젤리를 제조하는 데 당분 60~65%, 펙틴 1.0~1.5%일 때 가장 적합
한 pH는?

① pH 1.0
② pH 3.2
③ pH 7.8
④ pH 10.0

6 10% 이상의 단백질 함량을 가진 밀가루로 케이크를 만들었을 때 나타나는 결과가 아닌 것은?

① 제품이 수축되면서 딱딱하다.
② 형태가 나쁘다.
③ 제품의 부피가 크다.
④ 제품이 질기며 속결이 좋지 않다.

7 과자류제품 기계 설비와 거리가 먼 것은?

① 오븐　　　　　　　② 라운더
③ 에어믹서　　　　　④ 데포지터

8 다음 제품 중 거품형 케이크는?

① 스펀지 케이크　　　② 파운드 케이크
③ 데블스 푸드 케이크　④ 화이트 레이어 케이크

9 pH가 낮은 산성 반죽으로 구운 케이크의 껍질색은 연한데 그 원인으로 틀린 것은?

① 캐러멜 반응이 증가하기 때문이다.
② 제품 표면에 열 침투가 적기 때문이다.
③ 제품의 부피가 작기 때문이다.
④ 캐러멜 반응 온도를 높이기 때문이다.

10 쿠키에서 구조 형성 역할을 하는 재료는?

① 밀가루　　　　　　② 설탕
③ 쇼트닝　　　　　　④ 중조

11 찜을 이용한 제품에 사용되는 팽창제의 특성은?

① 지속성　　　　　　② 속효성
③ 지효성　　　　　　④ 이중팽창

답안 표기란
6　① ② ③ ④
7　① ② ③ ④
8　① ② ③ ④
9　① ② ③ ④
10　① ② ③ ④
11　① ② ③ ④

12 아이싱에 사용하여 수분을 흡수하므로, 아이싱이 젖거나 묻어나는 것을 방지하는 흡수제로 적당하지 않은 것은?

① 밀 전분 ② 옥수수 전분

③ 설탕 ④ 타피오카 전분

13 퍼프 페이스트리를 정형할 때 수축하는 경우는?

① 반죽이 질었을 경우

② 휴지시간이 길었을 경우

③ 반죽 중 유지 사용량이 많았을 경우

④ 밀어펴기 중 무리한 힘을 가했을 경우

14 케이크 제조 시 비중의 효과를 잘못 설명한 것은?

① 비중이 낮은 반죽은 기공이 크고 거칠다.

② 비중이 낮은 반죽은 냉각 시 주저앉는다.

③ 비중이 높은 반죽은 부피가 커진다.

④ 제품별로 비중을 다르게 하여야 한다.

15 다음 중 거품형 쿠키로 전란을 사용하는 제품은?

① 스펀지 쿠키 ② 머랭 쿠키

③ 스냅 쿠키 ④ 드롭 쿠키

16 고율배합 케이크와 비교하여 저율배합 케이크의 특징은?

① 믹싱 중 공기 혼입량이 많다.

② 굽는 온도가 높다.

③ 반죽의 비중이 낮다.

④ 화학팽창제 사용량이 적다.

17 도넛 튀김기에 붓는 기름의 평균 깊이로 가장 적당한 것은?

① 5~8cm ② 9~12cm

③ 12~15cm ④ 16~19cm

답안 표기란	
12	① ② ③ ④
13	① ② ③ ④
14	① ② ③ ④
15	① ② ③ ④
16	① ② ③ ④
17	① ② ③ ④

답안 표기란

18	① ② ③ ④
19	① ② ③ ④
20	① ② ③ ④
21	① ② ③ ④
22	① ② ③ ④
23	① ② ③ ④

18 퍼프 페이스트리 제조 시 과도한 덧가루를 사용할 때의 영향이 아닌 것은?

① 산패취가 난다.

② 결을 단단하게 한다.

③ 제품이 부서지기 쉽다.

④ 생밀가루 냄새가 나기 쉽다.

19 과일 케이크를 구울 때 증기를 분사하는 목적과 거리가 먼 것은?

① 향의 손실을 막는다.

② 껍질을 두껍게 만든다.

③ 표피의 캐러멜화 반응을 연장한다.

④ 수분의 손실을 막는다.

20 푸딩을 제조할 때 경도의 조절은 어떤 재료에 의하여 결정되는가?

① 우유   ② 설탕

③ 달걀   ④ 소금

21 아이싱의 안정제로 사용되는 것 중 동물성은?

① 한천   ② 젤라틴

③ 로커스트 빈 검   ④ 카라야 검

22 정상 조건하의 베이킹파우더 100g에서 얼마 이상의 유효 이산화탄소 가스가 발생되어야 하는가?

① 6%   ② 12%

③ 18%   ④ 24%

23 과자 제품의 평가 시 내부적 평가 요인이 아닌 것은?

① 맛   ② 속색

③ 기공   ④ 부피

답안 표기란

24	① ② ③ ④
25	① ② ③ ④
26	① ② ③ ④
27	① ② ③ ④
28	① ② ③ ④
29	① ② ③ ④

24 다음 유당(lactose)의 설명 중 틀린 것은?

① 포유동물의 젖에 많이 함유되어 있다.

② 사람에 따라서 유당을 분해하는 효소가 부족하여 잘 소화시키지 못하는 경우가 있다.

③ 비환원당이다.

④ 유산균에 의하여 유산을 생성한다.

25 다음 중 글리세린에 대한 설명으로 틀린 것은?

① 무색, 무취로 시럽과 같은 액체이다.

② 지방의 가수분해 과정을 통해 얻어진다.

③ 식품의 보습제가 이용된다.

④ 물보다 비중이 가벼우며, 물에 녹지 않는다.

26 밀가루의 숙성에 대한 설명으로 틀린 것은?

① 반죽의 기계적 적성을 좋게 한다.

② 빵류제품 적성을 양호하게 한다.

③ 산화제 사용은 숙성기간을 증가시킨다.

④ 숙성기간은 온도와 습도 등 조건에 따라 다르다.

27 유지의 크림성이 가장 중요한 제품은?

① 케이크 　　　　　　② 쿠키

③ 식빵 　　　　　　　④ 단과자빵

28 중성 용매로 녹지 않고 묽은 산, 묽은 염기에 녹는 단백질로 밀에 존재하는 단순 단백질은?

① 글리아딘 　　　　　② 글루테닌

③ 오브알부민 　　　　④ 락토글로불린

29 대량 생산 공장에서 많이 사용하는 오븐으로 정형된 반죽이 들어가는 입구와 제품이 나오는 출구가 서로 다른 오븐은?

① 데크 오븐 　　　　　② 터널 오븐

③ 컨벡션 오븐 　　　　④ 로터리 래크 오븐

답안 표기란

30	①	②	③	④
31	①	②	③	④
32	①	②	③	④
33	①	②	③	④
34	①	②	③	④
35	①	②	③	④

30 제품 회전율을 계산하는 공식은?

① 순매출액/(기초원재료+기말원재료)÷2

② 순매출액/(기초제품+기말제품)÷2

③ 고정비/(단위당 판매가격−변동비)

④ 초이익/매출액×100

31 다음 다당류 중 근육에 많이 저장되는 것은 무엇인가?

① 전분   ② 포도당

③ 이눌린   ④ 글리코겐

32 포화지방산에 대한 설명 중 틀린 것은?

① 주로 동물성 지방에 많이 함유되어 있다.

② 융점이 높아 상온에서 고체 상태로 존재한다.

③ 코코넛 기름은 포화지방산에 속하지 않는다.

④ 이중결합이 없는 지방산이다.

33 치즈 제조에 관계되는 효소는?

① 레닌   ② 찌마아제

③ 펩신   ④ 팬크리아틴

34 다음 중 환원당에 속하지 않는 것은 무엇인가?

① 전분   ② 유당

③ 과당   ④ 맥아당

35 재료의 계량 및 전처리 방법이 올바르지 않은 것은?

① 유지는 냉장고에서 꺼내어 약간의 유연성을 갖도록 실온에 놓아 둔다.

② 가루나 덩어리 재료는 저울을 이용하여 무게를 측정하고, 액체 재료는 부피 측정 기구를 이용하여 부피를 측정한다.

③ 물엿처럼 점성이 높은 식품은 설탕 위에 계량하거나 살짝 데워서 계량한다.

④ 가루재료는 서로 섞이지 않게 분리하여 준비한다.

답안 표기란

36	① ② ③ ④
37	① ② ③ ④
38	① ② ③ ④
39	① ② ③ ④
40	① ② ③ ④
41	① ② ③ ④

36 밀가루 중 글루텐은 건조 중량의 약 몇 배에 해당하는 물을 흡수할 수 있는가?

① 1배
② 3배
③ 5배
④ 7배

37 전분의 호화 현상에 대한 설명으로 틀린 것은?

① 전분의 종류에 따라 호화 특성이 달라진다.
② 전분현탁액에 적당량의 수산화나트륨(NaOH)을 가하면 가열하지 않아도 호화될 수 있다.
③ 수분이 적을수록 호화가 촉진된다.
④ 알칼리성일 때 호화가 촉진된다.

38 모노글리세리드(monoglyceride)와 디글리세리드(diglyceride)는 제과에 있어 주로 어떤 역할을 하는가?

① 유화제
② 항산화제
③ 감미제
④ 필수영양제

39 다음 중 제과도구에 속하지 않는 것은 무엇인가?

① 디핑 포크
② 짤주머니
③ 오버헤드 프루퍼
④ 모양깍지

40 밀 제분 공정 중 정선기에 온 밀가루를 다시 마쇄하여 작은 입자로 만드는 공정은?

① 조쇄공정
② 분쇄공정
③ 정선공정
④ 조질공정

41 신체 내에서 물의 주요 기능은?

① 연소 작용
② 체온조절 작용
③ 신경계 조절 작용
④ 열량생산 작용

42 다음 중 비타민 K와 관계가 있는 것은?

① 근육 긴장　　　　② 혈액 응고
③ 자극 전달　　　　④ 노화 방지

43 식품을 태웠을 때 재로 남는 성분은?

① 유기질　　　　② 무기질
③ 단백질　　　　④ 비타민

44 단백질의 섭취가 부족했을 때 나타나는 특징이 아닌 것은?

① 다량의 대사산물 증가로 요독증을 일으켜 신장에 부담을 준다.
② 체중감소, 성장장애, 빈혈, 부종, 피부질환 등이 생긴다.
③ 쉽게 피로를 느낀다.
④ 영양실조증의 일종인 마라스무스(marasmus), 콰시오커 (kwashiorkor) 등의 질병을 유발한다.

45 칼슘의 흡수에 관계하는 호르몬은 무엇인가?

① 갑상선호르몬　　　　② 부갑상선호르몬
③ 부신호르몬　　　　④ 성호르몬

46 다음 중 모세혈관의 삼투성을 조절하여 혈관 강화 작용을 하는 비타민은?

① 비타민 A　　　　② 비타민 D
③ 비타민 E　　　　④ 비타민 P

47 설탕의 구성 성분은?

① 포도당+과당
② 포도당+갈락토오스
③ 포도당+포도당
④ 포도당+맥아당

답안 표기란

42	① ② ③ ④
43	① ② ③ ④
44	① ② ③ ④
45	① ② ③ ④
46	① ② ③ ④
47	① ② ③ ④

답안 표기란

48 ① ② ③ ④
49 ① ② ③ ④
50 ① ② ③ ④
51 ① ② ③ ④
52 ① ② ③ ④
53 ① ② ③ ④

48 하루에 섭취하는 총 에너지 중 식품 이용을 위한 에너지 소모량은 평균 얼마인가?

① 10% ② 20%
③ 30% ④ 60%

49 미생물의 감염을 감소시키기 위한 작업장 위생의 내용과 거리가 먼 것은?

① 소독액으로 벽, 바닥, 천장을 세척한다.
② 제품을 담는 상자, 수송차량, 매장 진열대는 항상 온도를 높게 설정하여 관리한다.
③ 깨끗하고 뚜껑이 있는 재료통을 사용한다.
④ 적절한 환기와 조명시설이 된 저장실에 재료를 보관한다.

50 맥아당을 2분자의 포도당으로 분해하는 효소는?

① 알파 아밀라아제 ② 베타 아밀라아제
③ 디아스타아제 ④ 말타아제

51 다음 중 HACCP의 준비단계 5절차에 속하지 않는 것은?

① HACCP 팀 구성
② 사용 용도 확인
③ 개선조치 방법 수립
④ 공정 흐름도 작성

52 해수(海水)세균의 일종으로 식염농도 3%에서 잘 생육하며 어패류를 생식할 경우 중독 발생이 쉬운 균은?

① 보툴리누스균 ② 장염 비브리오균
③ 웰치균 ④ 살모넬라균

53 다음 감염병 중 잠복기가 가장 짧은 것은?

① 후천성 면역결핍증 ② 광견병
③ 콜레라 ④ 매독

54 식중독의 예방 원칙으로 올바른 것은?
① 장기간 냉장보관
② 주방의 바닥 및 벽면의 충분한 수분 유지
③ 잔여 음식의 폐기
④ 날음식, 특히 어패류는 생식할 것

55 보툴리누스 식중독에서 나타날 수 있는 주요 증상 및 증후가 아닌 것은?
① 구토 및 설사 ② 호흡곤란
③ 출혈 ④ 사망

56 밀가루의 표백과 숙성에 사용되는 첨가물의 종류는?
① 개량제 ② 발색제
③ 피막제 ④ 소포제

57 통조림 식품의 통조림 관에서 유래될 수 있는 식중독 원인 물질은?
① 주석 ② 카드뮴
③ 페놀 ④ 수은

58 유해성 감미료는?
① 물엿 ② 설탕
③ 사이클라메이트 ④ 아스파탐

59 식품첨가물에 의한 식중독으로 규정되지 않는 것은?
① 허용되지 않은 첨가물의 사용
② 불순한 첨가물의 사용
③ 허용된 첨가물의 과다 사용
④ 독성물질을 식품에 고의로 첨가

60 복어의 독소 성분은?
① 엔테로톡신 ② 테트로도톡신
③ 무스카린 ④ 솔라닌

답안 표기란				
54	①	②	③	④
55	①	②	③	④
56	①	②	③	④
57	①	②	③	④
58	①	②	③	④
59	①	②	③	④
60	①	②	③	④

QPASS
제과 필기 기능사

NCS 국가직무능력표준 교육과정 반영
빈출 문제 10회

따로 보는
정답과 해설

★ 문제와 정답의 분리로 수험자의 실력을 정확하게 체크할 수 있습니다. ★
★ 틀린 문제는 꼭 표시했다가 해설로 복습하세요. ★
★ 정답과 해설을 가지고 다니며 오답노트로 활용할 수 있습니다. ★

다락원

제과기능사 필기 빈출 문제 ❶ 정답 및 해설

정답

1	②	2	④	3	①	4	②	5	②	6	④	7	①	8	④	9	②	10	②
11	②	12	①	13	④	14	③	15	②	16	④	17	①	18	②	19	③	20	④
21	②	22	③	23	①	24	②	25	①	26	③	27	②	28	②	29	①	30	②
31	②	32	①	33	②	34	③	35	①	36	④	37	④	38	②	39	①	40	①
41	④	42	①	43	③	44	④	45	②	46	④	47	②	48	②	49	③	50	①
51	③	52	④	53	③	54	③	55	④	56	④	57	②	58	④	59	②	60	②

해설

별표한 해설을 통해 핵심이론에 없는 개념을 더 알아보세요!

1 반죽의 비중 계산 공식

- 반죽의 비중
$$= \frac{(비중컵+반죽\ 무게)-비중컵\ 무게}{(비중컵+물\ 무게)-비중컵\ 무게}$$
$$\rightarrow \frac{170-50}{250-50} = \frac{120}{200} = 0.6$$

2 제품평가 항목

외부적	내부적
부피, 껍질색, 껍질 특성, 균형	기공, 속색, 조직, 향, 맛

3 제품의 생산능력 = 오븐 ★★

오븐의 제품 생산능력을 고려하지 않고 믹서와 발효기를 이용하여 많은 양의 반죽을 만들게 되면 반죽이 손실을 입게 됨

4 도넛 제조 시 ★★

수분이 많으면	수분이 적으면
과도한 팽창, 흡유 과다, 형태 불균형, 혹 돌출, 외부에 링 모양 과대	팽창 부족, 형태 불균형, 표면의 갈라짐, 강한 점도, 톱니 모양의 외피

5 반죽의 무게 계산 공식

- 반죽의 무게
= 완제품의 무게÷(1-굽기 및 냉각 손실률)
$$\rightarrow 400÷(1-\frac{20}{100}) = 500g$$

6 쿠키의 분류

반죽형 쿠키	드롭 쿠키, 스냅 쿠키, 쇼트브레드 쿠키
거품형 쿠키	스펀지 쿠키, 머랭 쿠키

7 얼음 사용량 계산공식

- 얼음 사용량
$$= 물\ 사용량×\frac{(수돗물\ 온도-사용할\ 물의\ 온도)}{80+수돗물\ 온도}$$
$$\rightarrow 500×\frac{(20-14)}{80+20} = 30g$$

8 비중

외부적 특성인 부피와 내부적 특성인 기공과 조직에 영향

비중 높음	기공 조밀, 무거운 조직, 부피 작아짐
비중 낮음	기공과 조직 느슨, 거침, 부피 커짐

9 언더 베이킹, 오버 베이킹

언더 베이킹	오버 베이킹
높은 온도에서 단시간, 윗면이 볼록하게 올라오고 터짐, 제품에 수분이 많이 남음	낮은 온도에서 장시간, 윗면이 평평하게 됨, 제품에 수분이 적게 남음

10 거품형 케이크(젤리 롤 케이크)
팬에서 냉각하면 수분을 손실하기 때문에 구운 후 바로 철판에서 분리하여 냉각시킴

11 튀김기름의 4대 적
온도(반복가열), 수분, 공기(산소), 이물질
→ 튀김기름의 가수분해와 산패를 가져와 품질 저하

12 설탕이 들어간 슈 껍질을 구우면 생기는 현상 ★★
• 슈 윗부분이 둥글게 됨
• 슈 내부 구멍 형성이 좋지 않음
• 슈 껍질 표면에 균열이 생기지 않음

13 글레이즈의 품온
43~50℃

14 굽기 공정 중 나타나는 현상
전분의 호화, 단백질의 응고, 공기의 팽창(오븐 스프링), 갈변반응(캐러멜화 반응, 마이야르 반응) 등

15 전체 반죽의 무게 계산 공식

$$\text{전체 반죽의 무게} = \frac{\text{완제품의 무게}}{1-\text{손실률}}$$
$$\rightarrow \frac{440g \times 500개}{(1-12/100)} = 250,000g = 250kg$$

16 슈를 굽기 전 침지 또는 분무하는 이유 ★★
• 껍질을 얇게 함
• 팽창을 크게 함
• 기형 방지
• 균일한 모양을 얻음

17 도넛의 과도한 흡유의 원인 ★★
• 반죽에 수분이 많을 경우(묽은 반죽)
• 설탕의 과다 사용(고율배합 제품)
• 튀김 온도가 낮아 튀김 시간이 길어진 경우
• 반죽의 온도가 부적절한 경우

18 설탕의 재결정화를 막는 재료 ★★
이탈리안 머랭, 버터 크림, 설탕 공예용 당액 등 설탕시럽을 만들 때 주석산을 첨가하여 설탕의 재결정화를 막음
→ 주석산 : 흰자 거품 튼튼하게 만듦, 흰자 알칼리성 중화, 색상 희게 만듦

19 초콜릿 원료
카카오매스, 카카오버터, 코코아, 당류, 우유나 분유, 유화제(레시틴), 향 등

20 엔젤 푸드 케이크 이형제
• 이형제 : 반죽을 구울 때 달라붙지 않고 모양을 그대로 유지하기 위해 사용하는 재료
• 거품형 케이크 이형제 : 물

21 분해효소

리파아제	지방을 지방산과 글리세린으로 분해
아밀라아제	전분이나 글리코겐을 텍스트린, 맥아당으로 분해
프로테아제	단백질과 펩타이드를 분해
말타아제	맥아당을 포도당 2분자로 분해

22 식품 향료
• 유성 향료, 유화 향료, 분말 향료는 내열성이 강함
• 수용성 향료는 내열성이 약함

23 신선한 달걀
• 껍질 : 광택이 없으며 선명
• 소금물(6~10%)에 넣었을 때 가라앉음
• 흔들어 보았을 때 소리가 없음
• 햇빛을 통해 볼 때 속이 맑게 보임
• 난황계수 : 0.36~0.44 정도

24 검화가(비누화가) ★★

알칼리(가열)
유지 → 글리세롤, 지방산염(비누)

25 젤라틴
- 동물의 껍질이나 연골조직 속의 콜라겐을 정제한 것
- 끓는 물에만 용해
- 식으면 단단한 젤이 됨

26 충전물용 농후화제로 쓰이는 전분 사용량
- 시럽에 사용되는 물의 8~11%
- 설탕을 함유한 시럽의 6~10%

27 알파 아밀라아제(a-amylase) ★★
- 액화효소
- 내부 아밀라아제(전분 내부 결합 가수분해 가능)
- 전분 덱스트린화 함
- 베타 아밀라아제에 비해 열안정성 큼
- a-1.4, a-1.6 결합에 작용

28 가소성
- 유지가 고체 모양을 유지하는 성질
- 파이, 데니시 페이스트리, 크로와상 등

29 초콜릿을 템퍼링 한 효과
- 팻 블룸(fat bloom) 방지
- 광택 좋음
- 내부 조직 조밀
- 안정한 결정 많음
- 결정형 일정
- 입안에서의 용해성 좋음

30 과자 반죽의 믹싱 완료 정도 파악
반죽의 비중, 반죽의 색, 반죽의 점도로 확인 가능
→ 글루텐의 발전 정도 : 빵류 반죽 믹싱 완료 파악

31 글루텐을 형성하는 단백질

글리아딘	• 반죽의 신장성과 점착성에 영향 • 물에는 녹지 않으나 70% 알코올에 용해
글루테닌	• 반죽의 탄력성에 영향 • 중성용매에 용해되지 않음

32 레시틴(lecithin)
물과 기름이 잘 섞일 수 있도록 도와주는 유화 작용

33 유장단백질의 변성과 응고

카제인	산, 레닌(효소)
락토알부민	열
락토글로불린	열

34 럼주
- 당밀이나 사탕수수의 즙을 발효시켜서 증류한 술
- 음용보다는 제과에서 소비

35 유지의 기능

가소성	유지가 고체 모양을 유지하는 성질
유화성	물을 흡수하여 보유하는 능력
안정성	지방의 산화와 산패를 억제하는 기능
크림성	유지가 믹싱 조작 중 공기를 포집하는 능력

36 혼성주
- 증류수를 기본으로 정제당을 넣고 과실 등의 추출물로 향미를 낸 것
- 대부분 알코올 농도가 높음

37 코팅용 초콜릿 ★★
- 카카오매스에서 카카오버터를 제거하고 식물성 유지와 설탕을 섞어 만든 것
- 장점 : 템퍼링 작업 없이도 손쉽게 사용할 수 있음
- 겨울에는 융점이 낮은 것, 여름에는 융점이 높은 것을 사용

38 튀김기름에 스테아린을 첨가하는 이유
- 도넛의 기름이 설탕을 녹여 끈적거리게 만드는 현상 방지
- 유지의 융점을 높임
- 경화기능이 너무 강하면 도넛에 설탕이 붙는 점착성이 낮아짐
- 경화제로 사용되며 튀김기름의 3~6% 사용

39 화학적 팽창제
- 이스트(효모)보다 가스 생산이 빠름
- 탄산수소나트륨 : 가스를 생산
- 중량제 : 전분이나 밀가루 사용
- 산의 종류에 따라 작용 속도가 달라짐

40 우유 살균법

저온장시간살균법	61~65℃에서 30분간 처리
고온단시간살균법	70~75℃에서 15~30초간 처리
초고온순간살균법	130℃에서 2~3초간 처리

41 갈락토오스
- 포도당과 결합하여 유당(젖당)을 이룸
- 해조류에 많이 들어있음

42 탄수화물의 분류

단당류	포도당, 과당, 갈락토오스
이당류	자당(설탕), 유당(젖당), 맥아당(엿당)

43 기본 계산
- 지방 1g은 9kcal의 열량을 냄
  → 20g×9kcal = 180kcal

44 유당불내증
- 우유 중에 있는 유당을 소화하지 못해 나타나는 증상
- 원인 : 소화액 중 락타아제의 결여

45 단순단백질
알부민, 글루테닌, 글로불린, 프로타민, 프롤라민

46 스펀지 케이크
- 달걀을 많이 사용하는 제품
- 달걀에 가장 많이 들어있는 영양성분 : 단백질

47 우유를 섞어 만든 빵을 먹었을 때 흡수할 수 있는 단당류 ★★
포도당, 갈락토오스

48 시스테인
−SH기를 가진 시스테인은 산화제에 의해 쉽게 산화되어 S−S− 결합을 가진 시스틴이 됨

49 3당류
- 단당류 세 분자로 이루어진 탄수화물
- 라피노오스, 멜레아토오스, 겐티아노오스

50 복합지질
인지질, 당지질, 지단백질 등
→ 왁스 : 단순지질

51 이타이이타이병
- 원인 : 카드뮴
- 증상 : 구토, 경련, 설사, 골연화증
- 환자가 아픔을 호소할 때 이타이 이타이(아프다 아프다)라고 하는 것에서 붙여진 병명

52 세균 증식 최적 pH

일반 세균	pH 6.5~7.5(약산성~중성)
효모, 곰팡이	pH 4~6(산성)
콜레라균	pH 8~8.6(알칼리성)

53 경구 감염병
장티푸스, 유행성간염, 콜레라, 세균성이질, 파라티푸스, 성홍열, 급성회백수염 등
→ 발진티푸스 : 발진티푸스 리케차에 감염되어 발생하는 급성 열성 질환

54 보툴리누스 식중독
- 독소 : 뉴로톡신(신경독소)
- 발생 : 살균되지 않은 통조림 등
- 치사율 : 64~68%

55 곰팡이독 ★★

파툴린	상한 과일이 품고 있는 진균독소
아플라톡신	누룩곰팡이의 버섯 종에 의해 생성되는 진균독
시트리닌	쌀에 의해 생성되는 곰팡이

→ 고시폴 : 잘못 정제된 면실에 남아있는 특성 물질

56 보존료의 구비조건
- 변질 미생물에 대한 증식 억제 효과가 클 것
- 미량으로도 효과가 클 것
- 독성이 없거나 극히 적을 것
- 무미, 무취하고 자극성이 없을 것
- 공기, 빛, 열에 안정하고 pH에 의한 영향을 받지 않을 것
- 사용하기 간편하고 값이 쌀 것

57 감염형 식중독
살모넬라, 장염 비브리오, 병원성 대장균

58 포도상구균 식중독
- 원인균 : 황색포도상구균
- 독소 : 엔테로톡신
- 잠복기 : 3~5시간
- 원인 : 조리자의 화농

59 인수공통감염병의 예방대책
- 우유 멸균처리 철저
- 병에 걸린 동물의 고기 폐기처분
- 가축의 예방접종 실시
- 외국으로부터 유입되는 가축은 항구나 공항 등에서 검역 철저

60 대장균군
- 식품이나 물의 분변에 의한 오염의 지표 세균
- Gram 음성, 무포자의 간균
- 젖당을 분해하여 산과 가스를 생성하는 호기성 또는 통성혐기성의 세균

정답

문제 본문 92p

1	②	2	③	3	②	4	③	5	③	6	③	7	③	8	③	9	③	10	③
11	②	12	②	13	③	14	①	15	④	16	①	17	④	18	②	19	③	20	③
21	③	22	④	23	②	24	③	25	②	26	①	27	④	28	②	29	④	30	②
31	①	32	④	33	②	34	②	35	④	36	④	37	③	38	②	39	①	40	④
41	③	42	③	43	④	44	④	45	③	46	①	47	②	48	①	49	②	50	②
51	①	52	②	53	④	54	①	55	①	56	④	57	②	58	①	59	①	60	②

해설

별표한 해설을 통해 핵심이론에 없는 개념을 더 알아보세요!

1 반죽형 쿠키 ★★

드롭 쿠키	달걀의 사용량이 많아 반죽형 쿠키 중 수분이 가장 많은 부드러운 쿠키
쇼트브레드 쿠키, 스냅 쿠키	달걀의 사용량이 적은 쿠키

거품형 쿠키 ★★

스펀지 쿠키	거품형 쿠키 중 수분이 가장 많은 쿠키
머랭 쿠키	흰자와 설탕을 휘핑한 머랭으로 만든 쿠키

2 가장 고온에서 굽는 제품 ★★

설탕 함량이 가장 적은 퍼프 페이스트리

3 반죽형 반죽 믹싱법

크림법	부피감 좋음
블렌딩법	부드러움, 유연성
설탕/물법	대량생산 가능
1단계법	노동력, 시간 절약

4 사용할 물의 온도 계산 공식

- 사용할 물의 온도
  = (희망 반죽온도×6)−(실내온도+밀가루 온도+설탕 온도+달걀 온도+유화 쇼트닝 온도+마찰계수)
  → (23×6)−(25+25+25+20+20+28)
    = −5℃

5 제품별 비중

파운드 케이크	0.7 ± 0.05
레이어 케이크	0.8 ± 0.05
시폰 및 롤 케이크	0.45 ± 0.05
스펀지 케이크	0.5 ± 0.05

6 흰자 사용 제품에 주석산 크림, 식초 첨가 이유 ★★

- 달걀흰자의 단백질 강화
- 알칼리성인 흰자의 pH 낮춰 중화
- 색을 희게 함

7 이탈리안 머랭

- 흰자를 거품내면서 114~118℃로 끓인 설탕시럽을 조금씩 부어 만드는 머랭
- 토치를 사용하여 강한 불에 구워 착색하는 제품을 만들 때 사용

8 파운드 케이크 유지의 품온

18∼25℃

→ 파운드 케이크의 특성을 제대로 반영할 수 있는 반죽을 만들려면 반죽 온도를 일정하게 맞추어야 함

9 굽기 공정에서 일어나는 변화

- 전분의 호화
- 오븐 팽창
- 캐러멜 반응

→ 전분의 노화 : 굽기가 끝나고 오븐에서 나오는 순간부터 진행

10 공장 설비 시 배수관의 최소 내경

10cm

→ 바닥은 미끄럽지 않고 배수가 잘 되어야 함

11 퍼프 · 페이스트리 정형 시 반죽이 수축하는 원인 ★★

- 과도한 밀어펴기를 했을 때
- 반죽에 물이 너무 적어 된 반죽이 되었을 때
- 휴지를 충분히 하지 않았을 때
- 유지 사용량이 적을 때
- 덧가루를 과다하게 사용했을 때

12 고온 단시간 굽기 제품

- 저율배합 제품
- 팬닝량이 적은 제품

→ 파운드 케이크 : 고율배합 제품으로 저온에서 장시간 굽기

13 반죽 무게 계산 공식

- 틀 부피(팬의 부피)

  = 밑넓이×높이

  = 반지름×반지름×3.14×높이

  → 5×5×3.14×4.5=353.25

- 반죽 무게

  $= \dfrac{\text{틀 부피}}{\text{비용적}}$

  $\rightarrow \dfrac{353.25}{2.4}=147.19g$

- 70%로 팬닝

  → 147.19×70%=103.033g

14 파이 바닥이 축축한 원인 ★★

- 반죽에 유지 함량이 많을 때
- 바닥열이 낮거나 불충분할 때
- 파이 바닥 반죽이 고율배합일 때
- 오븐 온도가 낮을 때
- 충전물 온도가 높을 때

15 소금의 영향 ★★

- 함께 사용한 재료들의 향미를 좋게 함
- 설탕의 단맛을 순화시키거나 증진시킴
- 잡균의 번식을 막음
- 반죽의 물성을 좋게 함

16 반죽에 레몬즙, 식초 첨가

반죽을 산성으로 조절 : 기공이 작고 조직이 조밀한 제품 만듦

17 파이롤러를 사용하여 제조 가능한 제품들

쇼트브레드 쿠키, 케이크 도넛, 퍼프 페이스트리

→ 롤 케이크 : 긴 막대(홍두깨)를 이용하여 말기

18 에클레어 ★★

슈 반죽으로 만들며 슈를 응용한 제품

19 버터 크림 농도 조절 ★★

액체수지를 가지고 있는 식용유를 넣어 농도 조절

20 우유

- 우유 단백질 : 약 80% 카제인, 약 20% 락토알부민, 락토글로불린
- 농축우유 : 우유의 수분을 증발시키고 고형질의 함량을 높인 것(연유, 생크림)
- 크림 분리기로 원심분리 : 비중이 작은 지방입자가 뭉치면서 크림이 됨
- 전지분유 : 우유의 수분만 제거해 분말상태로 만듦
- 탈지분유 : 우유의 수분과 유지방을 제거한 고형분을 분말상태로 만듦

21 전란의 수분 함량

75% 정도

22 밀의 구조

껍질 14%, 배아 2∼3%, 배유 약 83%

23 갈락토오스
- 유당(젖당)의 구성 성분
- 물에 잘 녹지 않음

24 제과용 밀가루(박력분)
- 단백질 함량 : 7~9%
- 회분 함량 : 0.4% 정도

25 전분당
- 전분을 원료로 하는 감미료
- 포도당, 물엿, 엿, 식혜, 이성화당 등

26 밀가루의 등급
회분 함량에 따라 분류

27 슈가 블룸
초콜릿을 습도가 높은 곳에 보관할 때 설탕이 공기 중의 수분을 흡수하여 녹았다가 재결정이 되면서 하얀 얼룩을 만드는 현상

28 이중결합 유무에 따른 분류

포화지방산	탄소와 탄소의 이중결합이 없는 것
불포화지방산	이중결합이 1개 이상 있는 것

29 향신료
- 주재료의 불쾌한 냄새를 제거
- 맛과 향을 부여하여 식욕을 증진
  → 영양분을 공급하지는 않음

30 기본 계산

- 달걀 한 개의 노른자 무게
  = 52g×33% = 17.16g
  → 500g÷17.16g = 29.14개 ≒ 30개

31 비중 계산 공식

- 비중
  $$= \frac{(우유\ 무게-컵\ 무게)}{(물\ 무게-컵\ 무게)}$$
  $$\rightarrow \frac{(254-120)}{(250-120)} = \frac{134}{130} \fallingdotseq 1.03$$

32 제과에서 쇼트닝의 기본적인 기능
윤활기능, 팽창기능, 유화기능, 연화기능

33 지방의 산화를 가속시키는 요소
- 높은 온도로 자주 사용했을 때
- 산소와 자외선에 노출되었을 때
- 수분이 많고 공기와 접촉이 많았을 때

지방의 산화를 방지하기 위한 첨가물
비타민 E(토코페롤), 질소, 세사몰 등 항산화제

34 밀가루 단백질
글리아딘, 글루테닌
→ 글리아딘 함량이 가장 많음(약 36%)

35 젤라틴
- 동물성 단백질
- 응고제로 주로 이용
- 물과 섞으면 용해됨
- 콜로이드 용액의 젤 형성 과정은 가열하면 녹고 냉각하면 다시 굳는 가역적인 과정

36 올리고당 ★★
- 청량감 있음
- 감미도 : 설탕의 20~30%
- 장내 유익균인 비피더스균의 증식인자로 이용
- 설탕에 비해 항충치성이 있음

37 이성화당 ★★
- 전분을 액화, 당화시킨 포도당액을 이성화질 효소로 처리하여 이성화된 포도당과 과당이 주성분이 되도록 한 액상당
- 전분당 분자의 분자식은 변화시키지 않으면서 분자 구조만 바꾼 당

38 탄산수소나트륨(중조) ★★
탄산수소나트륨($2NaHCO_3$) → 이산화탄소(CO_2)+물(H_2O)+탄산나트륨(Na_2CO_3)

39 밀가루 제품별 분류 기준
단백질(글루텐) 함량

40 식품향료
식품에 사용하는 향료는 식품첨가물로 품질, 규격 및 사용법이 규정되어 있으며 이를 준수하여야 함

41 기본 계산

- 지방 1g당 9kcal
  → 2,700×20%÷9 = 60g
- 탄수화물 1g당 4kcal
  → 2,700×65%÷4 = 438.75g
- 단백질 1g당 4kcal
  → 2,700×15%÷4 = 101.25g

42 단백질 함유량 계산 공식

- 단백질의 양
  = 질소의 양×6.25
  → 4×6.25=25

43 유아에게 필요한 필수아미노산

이소루신, 루신, 리신, 메티오닌, 발린, 페닐알라닌, 트레오닌, 히스티딘, 트립토판

44 리놀레산 ★★

- 동물 체내에서 합성될 수 없는 필수지방산의 하나
- 동물 세포막을 구성하는 인지질의 주요 구성성분
- 결핍 시 : 성장억제, 시각기능장애, 생식기장애, 피부염 등

45 신선한 우유

pH 6.5~6.8

46 나트륨 결핍증 ★★

구토, 발한, 설사 등

47 혈당의 저하

인슐린과 관계가 깊음

48 맥아당

말타아제에 의해 2분자의 포도당으로 분해

49 기본 계산

- 철분 흡수율
  = 철분 섭취량의 5~15% 정도
  → (200×5%)~(200×15%)
  = 10~30mg

50 수크라아제

- 인버타아제라고도 함
- 소장에서 분비되는 소화 효소
- 설탕을 포도당과 과당으로 분해

51 바닐라에센스 첨가 ★★

우유의 생취, 달걀의 비린내 감소

52 경구 감염병(소화기계 감염병)

- 소량의 균이라도 숙주 체내에 증식하여 발생
- 오염된 물질에 의한 2차 감염 진행
- 잠복기가 깊
- 면역력이 생기는 것이 많음
  → 식품이 증식 매체가 아닌 식품이 오염되어 감염을 유발하는 것

53 아플라톡신

쌀, 보리, 옥수수가 원인 식품인 곰팡이독

54 표백제

과산화수소, 무수아황산, 아황산나트륨, 차아황산나트륨, 메타중아황산칼륨
→ 소르빈산 : 보존료(방부제)

55 쥐가 매개하는 질병

신증후군출혈열(유행성출혈열), 페스트, 렙토스피라증, 쯔쯔가무시병 등
→ 돈단독증 : 돼지가 매개하는 질병

56 식용유의 산패

주로 유지의 불포화지방산이 산소와 결합하여 산화되는 화학반응

57 알레르기성 식중독 원인 식품 ★★

신선도가 저하된 꽁치, 전갱이, 청어 등 등푸른 생선

58 식품첨가물 ★★

보존료	미생물에 의한 부패나 변패를 방지하고 화학적인 변화를 억제하기 위해 사용
착색료	식품에 색을 부여하거나 본래의 색을 다시 복원시키기 위해 사용
산화방지제	유지의 산패 및 식품의 산화로 인한 품질 저하를 방지하기 위해 사용
표백제	식품의 제조 과정 중 식품의 색소가 퇴색되거나 변색될 경우 색을 보기 좋게 만들기 위해 사용

59 미나마타병

- 원인 : 수은에 중독된 어패류, 농약·보존료 등으로 처리한 음식을 섭취
- 증상 : 갈증, 구토, 복통, 설사, 전신경련 등

60 포도상구균 식중독 예방책

- 조리장을 깨끗이 함
- 멸균된 기구 사용
- 화농성 질환자의 조리업무 금함
- 80℃에서 30분간 가열

정답

문제 본문 102p

1	④	2	②	3	②	4	④	5	①	6	③	7	③	8	④	9	①	10	④
11	②	12	③	13	①	14	②	15	①	16	④	17	②	18	③	19	③	20	④
21	①	22	①	23	④	24	①	25	②	26	③	27	③	28	①	29	③	30	④
31	③	32	①	33	④	34	④	35	④	36	④	37	③	38	②	39	③	40	④
41	②	42	②	43	①	44	②	45	①	46	②	47	④	48	④	49	①	50	①
51	③	52	①	53	①	54	④	55	③	56	③	57	①	58	①	59	④	60	①

해설

별표한 해설을 통해 핵심이론에 없는 개념을 더 알아보세요!

1 밀가루의 분류

강력분	단백질 11~13%	제빵용
박력분	단백질 7~9%	제과용

2 반죽의 비중 계산 공식

- 반죽의 비중
$$= \frac{(비중컵+반죽 \ 무게)-비중컵 \ 무게}{(비중컵+물 \ 무게)-비중컵 \ 무게}$$
$$\rightarrow \frac{220-40}{240-40} = \frac{180}{200} = 0.9$$

3 파이의 충전물이 끓어 넘치는 원인 ★★
- 껍질에 수분 많음
- 위·아래 껍질을 잘 붙이지 않음
- 껍질에 구멍을 뚫지 않음
- 오븐 온도 낮음
- 충전물의 온도 높음
- 바닥 껍질 얇음
- 천연산이 많이 든 과일 사용
- 배합이 적합하지 않음

4 튀김기름의 4대 적
공기, 이물질, 온도, 수분
→ 비타민 E(토코페롤) : 산화방지제

5 머랭의 최적 pH
pH 5.5~6.0

6 고율배합과 저율배합

고율배합	저온에서 장시간 굽는 방법
저율배합	고온에서 단시간 굽는 방법

7 푸딩 ★★
- 달걀의 흰자와 노른자를 고루 풀어서 우유를 넣고 고운 체에 내린 다음 김이 오른 찜통에 넣고 약불에서 쪄냄
- 달걀의 단백질이 열에 의해 응고(열변성)되고 고형화 시키는 작용(농후화 작용)을 이용한 제품

8 공장 설비 ★★
각 시설은 그 시설이 제공하는 서비스의 형태에 기본적인 어떤 기능을 가짐

9 케이크의 부피가 작아지는 원인 ★★
- 강력분을 사용한 경우(글루텐 형성으로 인해 탄력성이 커지므로)
- 달걀이 부족한 반죽(공기 포집 능력이 떨어지므로)
- 액체재료가 많은 경우
- 크림법에서 유지의 크림성이 나쁠 경우 등

10 과자 반죽의 온도 조절 ★★

반죽 온도 높을 때	반죽 온도 낮을 때
• 기공이 열리고 큰 구멍이 생김 • 부피가 커짐 • 노화가 빨라짐	• 기공이 조밀하고 부피가 작음 • 표면이 터지고 거칠게 됨

11 쇼트브레드 쿠키 ★★
- 반죽을 일정한 두께로 밀어펴서 커터를 이용하여 찍어내는 반죽형 쿠키
- 성형 전에 냉장고에서 30분~1시간 정도 휴지
- 찍어낸 반죽 위에 노른자를 바르고 포크로 무늬를 그려냄

12 일반적인 반죽기의 반죽속도
저속 → 중속 → 고속 → 중속

13 반죽형 케이크
- 기본 재료 : 유지, 밀가루, 설탕, 달걀
- 화학팽창제를 이용해 부풀린 반죽
- 부드러운 식감
- 반죽의 비중이 높음

14 핑거 쿠키 ★★
대략 5~6cm

15 반죽의 얼음 사용량 계산 공식
- 얼음 사용량
$$= \frac{\text{사용할 물량} \times (\text{수돗물 온도} - \text{사용할 물 온도})}{(80 + \text{수돗물 온도})}$$

16 초콜릿 사용량 계산 공식
- 코코아
= 초콜릿량×62.5%
→ 20% = x × 62.5%
→ $x = \dfrac{20\%}{62.5\%} = 0.32$
- 퍼센트로 변경
→ 0.32×100(%) = 32%

17 밤과자 성형 후 굽기 전 물을 뿌리는 이유 ★★
- 덧가루 제거
- 껍질색 균일
- 껍질의 터짐 방지
→ 물을 많이 뿌리게 되면 굽기 후 완제품이 철판에 붙어버림

18 젤리를 만드는 데 사용되는 재료
안정제(젤라틴, 한천, 알긴산)
→ 레시틴 : 천연유화제

19 슈 ★★

슈의 굽는 온도가 낮음	슈가 팽창하지 않아 공처럼 둥글게 됨
팬에 기름칠이 적음	슈의 밑면이 옆으로 퍼지지 못해 밑면이 좁아짐

20 카스테라 제조 시 휘젓기 ★★
가열에 의해 팽창한 기포가 소포되므로 반죽의 팽창에 방해를 줌

21 밀가루의 글루텐 양 계산 공식
- 젖은 글루텐(%)
$$= \frac{\text{젖은 글루텐 중량}}{\text{밀가루 중량}} \times 100\%$$
→ $\dfrac{6}{25} \times 100 = 24\%$
- 건조 글루텐(%)
= 젖은 글루텐 ÷ 3
→ 24÷3 = 8%
- 밀가루 단백질의 함량 7~9% : 박력분

22 유당
유산균에 의해 분해되어 유산 생성

23 β-아밀라아제 특징 ★★
- 전분이나 텍스트린을 분해하여 맥아당을 만드는 당화효소
- 아밀로오스의 말단에서 시작하여 포도당 2분자씩을 끊어가면서 분해
- 전분의 구조가 아밀로펙틴인 경우 약 52%까지만 가수분해
- α-1, 4 결합만을 가수분해하기 때문에 외부 아밀라아제라고 함

24 영구적 경수 ★★
황산이온($MgSO_3$, $CaSO_4$)이 칼슘염, 마그네슘염과 결합된 형태로 들어 있는 경우, 끓여도 불변

25 단백질
- 기본 단위 : 아미노산
- 대부분 열에 응고
- 밀가루의 질소계수 : 5.7

26 기본 계산

- 머랭을 만들기 위해서는 흰자만 필요함
- 평균 달걀의 구성 : 껍질 10%, 노른자 30%, 흰자 60%
  - → 달걀 한 개 중 흰자무게 = 60g×60% = 36g
  - → 머랭 1kg을 만드는 데 필요한 달걀 = 1,000g÷36g≒27.8개

27 감미도
과당(175) 〉 포도당(75) 〉 맥아당(32) 〉 유당(16)

28 버터의 구성
지방 80%, 수분 18% 이하, 소금 0~3% 등

29 안정성 ★★
장기간의 저장성을 가져야 하는 건과자류나 고온에서 작업을 하는 튀김기름에 필요한 가장 중요한 성질

30 분당의 응고 방지
옥수수 전분 3% 정도 혼합
→ 설탕, 소금, 글리세린 : 수분을 흡수하여 응고되기 쉬움

31 가공치즈
- 자연치즈를 갈아 유화제를 섞어 가열한 후 식혀서 굳힌 것
- 발효가 더 이상 진행되지 않아 저장성이 좋음
- 단백질을 응고시켜 만들었기 때문에 열량 높음

32 기본 계산 ★★

- 고등어의 기본 배식량×18%=25g
  - → 고등어의 기본 배식량 = $\dfrac{25g}{18\%}$ ≒ 138.9

33 유지를 반복해서 사용
- 유리지방산이 많아져 발연점 낮아짐
- 산가, 과산화물가, 점도 등 증가

34 우유의 산도
pH 6.6

35 해면성 ★★
- 스펀지처럼 다공성의 구조를 갖는 것
- 거품형 케이크의 특징

36 필수지방산
리놀레산, 리놀렌산, 아라키돈산
→ 스테아르산 : 포화지방산

37 100% 아밀로펙틴으로 이루어진 것
찰옥수수 전분
→ 보통 전분 : 70~80%의 아밀로펙틴

38 케이크 제조 시 달걀의 기능
결합제, 유화제, 팽창제 등

39 분해효소

아밀라아제	탄수화물 분해효소
리파아제	지방 분해효소
프로테아제	단백질 분해효소
찌마아제	탄수화물 분해효소

40 치즈
우유의 주된 단백질인 카제인이 산이나 응유효소에 응고되는 성질을 이용한 식품

41 포화지방산
- 주로 동물성 지방에 많이 함유
- 융점이 높아 상온에서 고체 상태로 존재
- 소기름, 돼지기름, 버터 등

42 괴혈병
- 결핍 : 비타민 C
- 증상 : 출혈, 뼈의 변질 등

43 영양소와 에너지

탄수화물	1g당 4kcal
단백질	1g당 4kcal
지방	1g당 9kcal

44 epimer(에피머) ★★
- 정의 : 고르지 못한 탄소원자를 지닌 화합물의 입체이성제 가운데 하나의 부제탄소에 의해서 생기는 한쌍의 입체이성제
- 종류 : D-glucose의 epimer는 D-mannose와 D-galactose

45 산화방지제
BHA, BHT, 몰식자산프로필, 비타민 C, 비타민 E, 세사몰, 고시폴 등

46 간 ★★
지방의 연소와 합성이 이루어지는 장기

47 필수아미노산
이소루신, 루신, 리신, 발린, 메티오닌, 트레오닌, 페닐알라닌, 트립토판

48 비타민 A
각막과 점막, 피부 등 상피조직의 형성과 유지에 관여
→ 항 빈혈인자 : 비타민 B_{12}

49 불완전 단백질 ★★
- 필수아미노산이 충분하지 않아 성장 지연이나 체중감소 등을 가져오는 단백질 식품
- 옥수수 단백질 제인(zein)은 필수아미노산인 라이신과 트립토판이 충분하지 않음

50 유지의 산패를 촉진시키는 요인
산소, 고온, 자외선, 금속류, 수분, 지방 분해효소 등
→ 질소 : 산패를 방지하기 위해 첨가하는 항산화제

51 황색포도상구균
- 독소 : 엔테로톡신(장독소)
- 독소가 열에 강함
- 일반 가열조리법으로는 예방이 어려움

52 식중독

세균성	감염형	살모넬라균, 장염 비브리오균, 병원성 대장균
	독소형	포도상구균, 보툴리누스균, 웰치균
자연성	식물성	솔라닌, 고시폴, 아미그달린, 플라톡신, 시큐톡신, 브렌큰 펀 톡신, 무스카린, 두린
	동물성	테트로도톡신(복어독), 베네루핀, 삭시톡신
화학성		유해첨가물, 중금속

53 변질의 종류

부패	단백질 식품의 미생물에 의해 변질되는 것
발효	당질 식품이 미생물에 의해 분해되어 알코올과 유기산 등의 유용한 물질을 만드는 것
산패	지방질 식품이 산화되어 변질되는 것
갈변	식품의 저장, 가공, 조리과정에서 식품이 갈색으로 변하는 현상

54 식품에 소금 첨가 ★★
- 삼투압 증가
- 탈수작용으로 식품 내 수분 감소
- 산소의 용해도 감소
- 미생물의 발육 억제

55 식중독 집중 발생 시기 ★★
식품 중에 오염된 세균이나 그 독소를 섭취하여 발생하기 때문에 세균증식에 알맞은 여름(5~9월)에 집중하여 발생

56 경구 감염병과 세균성 식중독

구분	경구 감염병 (소화기계 감염병)	세균성 식중독
필요한 균량	소량의 균이라도 숙주 체내에 증식하여 발생	대량의 생균, 증식 과정에서 생성된 독소에 의해 발생
감염	오염된 물질에 의한 2차 감염 진행	종말 감염, 원인 식품에 의해서만 감염해 발생
잠복기	일반적으로 긺	경구 감염병에 비해 짧음
면역	면역력이 생기는 것이 많음	면역성이 없음

→ 납중독 : 화학적 식중독

57 경구 감염병의 종류
장티푸스, 콜레라, 세균성이질, 파라티푸스 등
→ 맥각중독 : 맥각에 의한 중독증으로 감염병 아님

58 장염 비브리오균의 원인 식품
어패류

59 식품의 영양 강화를 위한 첨가물 ★★
비타민류, 아미노산류, 무기염류 등
→ 칼슘화합물 : 무기염류

60 부패의 물리적 판정
부패할 때 나타나는 경도, 탄성, 점성, 색 및 전기저항 등 물리적인 변화를 측정하는 방법
→ 냄새 : 관능검사

제과기능사 필기 빈출 문제 ❹ 정답 및 해설

정답

문제 본문 112p

1	①	2	③	3	①	4	②	5	④	6	②	7	④	8	③	9	④	10	④
11	③	12	③	13	④	14	③	15	③	16	③	17	①	18	③	19	①	20	④
21	④	22	④	23	③	24	②	25	②	26	④	27	④	28	③	29	①	30	②
31	④	32	②	33	③	34	③	35	④	36	③	37	③	38	③	39	④	40	②
41	④	42	③	43	④	44	①	45	②	46	④	47	④	48	①	49	③	50	②
51	④	52	①	53	②	54	④	55	③	56	①	57	③	58	①	59	④	60	④

해설

별표한 해설을 통해 핵심이론에 없는 개념을 더 알아보세요!

1 결의 크기
결의 크기는 유지의 입자 크기에 따라 결정됨

2 굳은 아이싱을 풀어주는 조치
- 아이싱에 최소의 액체 섞기
- 35~43℃로 중탕
- 설탕시럽(2:1) 넣기

3 롤 케이크를 말 때 터짐을 방지하는 방법 ★★
- 설탕의 일부를 물엿으로 대치
- 덱스트린을 사용하여 점착성 증가
- 노른자의 비율이 높을 경우, 부서지기 쉬우므로 노른자를 줄이고 전란의 양 늘림
- 팽창이 과도한 경우 팽창제 사용을 감소하거나 믹싱 상태 조절

4 호화 ★★
- 주로 전분과 관련된 현상
- 60℃에서 잘 일어남
- 유화제 사용 : 호화 촉진
- 맛 좋아짐, 소화 잘됨
  → 노화 : 냉장 온도에서 잘 일어남

5 아이싱의 끈적거림 방지 방법
- 젤라틴, 식물성 검 등 안정제 사용
- 전분, 밀가루 등 흡수제 사용
- 40~43℃로 가온한 아이싱 크림 사용
- 아이싱에 최소의 액체 사용

6 튀김기름
- 튀김기름의 표준온도 : 180~195℃
- 도넛튀김용 유지 : 발연점이 높은 면실유
- 튀김기에 넣는 기름의 적정 깊이 : 12~15cm
  → 도넛을 튀길 때는 자주 뒤집지 않고 한 두 번만 뒤집어야 튀김시간을 단축하여 흡유율을 낮출 수 있음

7 물엿 계량
- 설탕 계량 후 그 위에 계량
- 스테인리스 그릇 혹은 플라스틱 그릇 사용
- 살짝 데워서 계량
  → 일반 갱지 위에 물엿을 계량하면 물엿이 달라붙어 재료 손실이 커짐

8 포장 시 빵, 과자 제품 속의 냉각 온도
38℃

9 고율배합과 저율배합

구분	고율배합	저율배합
분류 기준	설탕 > 밀가루	밀가루 = 설탕
공기 혼입 정도	많음	적음
화학팽창제 사용량	적음	많음
굽는 온도	저온 장시간 (오버베이킹)	고온 단시간 (언더베이킹)
비중	낮다 (가볍다)	높다 (무겁다)

10 파이 반죽을 냉장고에서 휴지시키는 효과 ★★
- 밀가루의 수분 흡수를 도움
- 유지와 반죽의 굳는 정도를 같게 하며 반점 형성 방지
- 반점 형성을 방지하고 유지의 결 형성 도움
- 유지가 흘러나오는 것과 반죽이 끈적거리는 것을 방지하여 작업성 좋게 함

11 옐로 레이어 케이크의 재료 사용량 ★★

달걀	쇼트닝×1.1
우유	설탕+25-달걀
분유	우유×0.1
물	우유×0.9

12 퍼프 페이스트리의 접기 공정 ★★
- 접는 모서리는 직각이 되어 동일하게 포개짐
- 접기 수보다 밀어펴놓은 결의 수가 2배 많음, 결의 수는 2(유지 감싸기)×접기 수로 결정되기 때문
- 구워낸 제품이 한쪽으로 터지는 경우는 접는 모서리가 직각이 되지 않았거나 혹은 접히는 부위가 동일하게 포개지지 않았기 때문

13 찜류 또는 찜만주 등의 팽창제(이스타파) ★★
- 다른 팽창제에 비해 팽창력 강함
- 완제품의 색을 희게 함
- 암모늄계 팽창제로 많이 사용하면 암모니아 냄새가 날 수 있음

14 반죽의 pH

산이 강한 경우	알칼리가 강한 경우
너무 고운 기공	거친 기공
여린 껍질색	어두운 껍질색과 속색
연한 향	강한 향
톡 쏘는 신맛	소다맛
정상보다 제품의 부피가 빈약함	정상보다 제품의 부피가 큼

15 기기나 기구에서 발견될 수 있는 유독한 금속 ★★
아연, 카드뮴, 안티몬 등

16 공립법
전란을 풀어 거품을 낸 후 체질한 가루재료와 중탕하여 녹인 버터를 넣어 섞는 방법
→ 별립법 : 달걀의 흰자와 노른자를 분리하여 반죽하는 방법

17 크림법
유지와 설탕을 균일하게 혼합한 후 달걀을 넣으면서 부드러운 크림을 만들고 여기에 체로 친 밀가루와 베이킹파우더를 섞어서 반죽하는 방법

18 달걀의 기포성과 포집성이 좋은 온도 ★★
30℃

19 표면 건조를 하는 제품 ★★
마카롱, 밤과자, 핑거 쿠키
→ 슈 : 굽기 전에 물을 분무하여 빠른 껍질 형성을 막는 제품

20 퍼프 페이스트리 ★★
믹싱 후 접기를 하고 냉장 온도에서 30분 이상 휴지를 하여 정형하고 굽기 전에 다시 30~60분 휴지를 시킴

21 과일 잼 형성의 3요소 ★★
펙틴, 산, 당

22 흡수율이 가장 높은 유지 ★★
쇼트닝은 자기 무게의 40~100%를 흡수하고 유화 쇼트닝은 800%까지 흡수

23 달걀 구성

부위명	전란	노른자	흰자
고형분	25%	50%	12%
수분	75%	50%	88%

24 분해효소

β-아밀라아제	전분 → 맥아당
α-아밀라아제	전분 → 덱스트린
말타아제	맥아당 → 포도당 + 포도당
찌마아제	단당류 → 알코올 + 이산화탄소

25 아밀로펙틴 ★★

- 요오드 테스트 : 자주빛 붉은색
- 호화, 노화, 퇴화 속도 느림
- 곁사슬 구조
- 대부분 천연전분은 구성비가 높음

26 우유 단백질

약 80% 카제인, 약 20%는 대부분 락토알부민과 락토글로불린

27 다당류 분해효소

이당류 분해효소	인버타아제 (수크라아제)	설탕을 포도당과 과당으로 분해
	말타아제	맥아당을 포도당 2분자로 분해
	락타아제	유당을 포도당과 갈락토오스로 분해
다당류 분해효소	아밀라아제 (디아스타아제)	전분을 덱스트린 단위로 잘라 액화시킴 → 알파 아밀라아제 (액화효소) 잘려진 전분을 맥아당 단위로 자름 → 베타 아밀라아제(당화효소)
	셀룰라아제	섬유소를 포도당으로 분해
	이눌라아제	이눌린을 과당으로 분해

28 분해효소

리파아제	지방 → 지방산 + 글리세린
프로테아제	단백질 → 아미노산
말타아제	맥아당 → 포도당 + 포도당
찌마아제	단당류 → 알코올 + 이산화탄소

→ 단당류 : 포도당, 과당, 갈락토오스

29 밀가루

- 단백질의 함량에 따른 구분 : 강력분, 중력분, 박력분
- 구성 : 껍질 13~14%, 배아 2~3%, 내배유 83~85%
- 밀가루의 회분은 색상과 관련되기 때문에 밀가루 등급을 나타내는 척도로 사용됨

30 아밀로펙틴 함량 100% ★★

찹쌀, 찰옥수수

31 자유수와 결합수

자유수	- 분자와의 결합이 약해서 쉽게 이동 가능한 물 - 식품 중에 존재 - 용매 작용 - 0℃ 이하에서 동결 - 100℃에서 증발
결합수	- 토양이나 생체 속 등에서 강하게 결합되어서 쉽게 제거할 수 없는 물 - 식품 중 고분자 물질과 강하게 결합하여 존재 - -20℃에서도 잘 얼지 않으며 100℃에서 증발되지 않음

32 기본 계산

- 혼합당의 감미도

$$\rightarrow \frac{(100 \times 20kg)+(70 \times 24kg)}{20kg+24kg} \fallingdotseq 83.6$$

33 유화제 첨가량 ★★

기본적인 유화 쇼트닝은 유화제인 모노-디 글리세리드 역가를 기준으로 6~8%를 첨가하여 혼합

34 효소의 주성분 : 단백질

- 구성 : 탄소(C), 수소(H), 산소(O), 질소(N), 황(S), 인(P) 등
- 열에 의해 변성되는 성질
- 1g당 4kcal 에너지 발생

35 수용성 향료 ★★

- 기름에 녹지 않고 물에 녹음
- 물에 잘 녹기 때문에 유화제 필요 없음
- 내열성 약함
- 고농도 제품을 만들기 어려움

36 기본 계산

- 달걀 한 개 중 흰자 무게
  → 60g×60% = 36g
- 필요한 달걀의 수
  = 필요한 달걀흰자÷달걀 한 개 중 흰자 무게
  → 360g÷36g = 10개

37 시유

- 음용하기 위하여 가공한 액상우유
- 시장에서 판매하는 우유
- 수분 88%, 고형질 12%

38 향신료

- 맛과 향을 부여하여 식욕 증진
- 육류나 생선의 냄새 제거, 완화
- 주재료와 어울려 풍미 향상
- 보존성 높여줌
- 넛메그, 계피, 오레가노, 박하, 카다몬, 올스파이스, 정향, 생강 등
  → 검류(카라야검) : 유화제, 안정제, 점착제 등으로 사용

39 버터

우유지방(유지 고형질) 80%, 수분 14~18%, 소금 0~3%로 구성
→ 유당은 극히 적어 버터를 쇼트닝으로 대체할 시 고려할 대상이 아님

40 트랜스 지방 ★★

- 유지를 경화시키기 위해 수소를 첨가하는 과정에서 생성되는 지방
- 섭취 시 인체 내에 저밀도 지단백질(LDL)이 많아짐

41 탄수화물 기능

- 1g당 4kcal의 에너지 공급원
- 간에서 지방의 완전대사 도움
- 탄수화물 부족 시 지방과 단백질이 에너지원으로 사용
- 식이섬유 : 장운동을 촉진시켜 변비 예방
- 중추신경 유지, 혈당량 유지 등
  → 뼈를 자라게 하는 것은 무기질의 기능임

42 수산(옥살산) ★★

시금치의 수산(옥살산)과 콩류의 피트산은 칼슘의 흡수를 방해하는 물질

43 필수아미노산

이소루신, 루신, 리신, 발린, 메티오닌, 트레오닌, 페닐알라닌, 트립토판
→ 성장기 어린이 : 필수아미노산과 아르기닌, 히스티딘

44 탄수화물 분류

단당류	포도당, 과당, 갈락토오스
이당류	맥아당, 유당, 설탕

45 수용성 비타민, 지용성 비타민

수용성 비타민	지용성 비타민
• 포도당, 아미노산, 글리세린 등과 함께 소화, 흡수되어 사용 • 체내에 저장되지 않음 • 모세혈관으로 흡수 • 과잉 섭취하면 체외로 배출됨	• 지질과 함께 소화, 흡수되어 사용 • 간장에 운반되어 저장 • 섭취 과잉으로 인한 독성 유발 가능

→ 지용성 비타민은 결핍증이 수용성 비타민에 비하여 천천히 나타남

46 비타민 D

햇빛(자외선)에 의해 체내 합성

47 단백질
탄소, 수소, 산소, 질소, 황, 인 등으로 이루어져
있음
→ 탄수화물, 지방 : 탄소, 수소, 산소

48 대두유(콩기름)
필수지방산인 리놀레산, 리놀렌산이 많이 들어
있어 노인이 섭취하면 좋음

49 지질(지방)의 기능
- 에너지를 공급하는 에너지원
- 생명유지에 필수적인 필수지방산 공급
- 체온 유지
- 외부의 충격으로부터 중요한 장기 보호
- 체세포, 뇌, 신경조직 등에서 세포막의 구성
  성분
  → 효소의 주요 구성 성분 : 단백질

50 기본 계산
- 트립토판은 체내에서 나이아신으로
  60:1의 비율로 전환
  → 360mg : x = 60 : 1
  → 360mg÷60 = 6mg

51 식품안전관리인증기준(HACCP)
모든 잠재적 위해요소를 분석하여 사후적이 아
닌 사전적으로 위해요소를 제거하고 개선할 수
있는 방법을 찾는 것

52 둘신(dulcin) ★★
설탕의 250배의 감미를 가지며 동물실험 결과
간종양을 일으키고 적혈구의 생산을 억제하여
사용이 금지된 유해 감미료

53 사상균 ★★
진균류 중 실 모양의 균체로 된 과일과 채소의
부패에 관여하는 곰팡이

54 경구 감염병의 감염경로(환경)에 대한 대책
- 음료수, 식품의 위생적 관리와 보관
- 식품 취급과 식품 취급자의 개인위생 관리
- 식품 취급자의 정기적인 건강검진

55 용어

엔테로톡신	포도상구균의 장독소
삭카린 나트륨	식품에 단맛을 주기 위해 사용하는 식품첨가물
솔라닌	감자의 싹과 녹색부위의 독소
아미그달린	살구씨와 복숭아씨 속에 들어 있는 독소

56 장관출혈성 대장균
- 대장균 O-157
- 생성 독소 : 베로톡신
- 소량의 균량으로도 식중독을 일으킴
- 열에 약해 65℃ 이상으로 가열 시 사멸

57 리스테리아균 ★★
- 냉장 온도에서 증식이 가능한 저온균
- 적은 균량으로도 식중독을 일으킴
- 태아에게는 수막염을 일으킴
- 임산부의 자궁 내 패혈증을 일으킴

58 유동파라핀
이형제로써 반죽의 0.1% 이하로 사용

59 브루셀라증(파상열) ★★
- 원인균 : 브루셀라속 세균
- 원인 : 병에 걸린 동물의 젖, 유제품이나 고
  기를 거쳐 경구 감염
- 산양, 양, 돼지, 소에게 감염 : 유산
- 인체에 감염 : 고열이 2~3주 주기적으로 나
  타나 파상열이라고도 함

60 프로피온산
- 빵, 과자 및 케이크류에 사용하는 보존료
- 부패의 원인이 되는 곰팡이나 부패균에 유효
- 발효에 필요한 효모에는 작용하지 않음

문제 본문 123p

정답

1	②	2	②	3	④	4	①	5	①	6	②	7	①	8	②	9	③	10	④
11	④	12	④	13	①	14	①	15	①	16	②	17	①	18	③	19	③	20	②
21	③	22	②	23	④	24	④	25	②	26	①	27	①	28	④	29	②	30	②
31	①	32	④	33	②	34	②	35	③	36	③	37	①	38	④	39	①	40	④
41	①	42	①	43	④	44	④	45	②	46	④	47	②	48	③	49	②	50	④
51	③	52	①	53	②	54	④	55	②	56	②	57	①	58	②	59	②	60	③

해설

별표한 해설을 통해 핵심이론에 없는 개념을 더 알아보세요!

1 소프트 롤★★
- 스펀지 케이크의 배합을 기본으로 하여 만든 부드러운 롤 케이크
- 디너 롤, 브리오슈, 치즈 롤, 버터 롤 등
  → 프렌치 롤 : 하드 롤

2 가장 가벼운 반죽
- 달걀 사용량이 많을수록 공기를 함유하는 능력이 커지므로 비중이 낮아 가벼워짐
- 롤 케이크(비중 0.45~0.5)

3 파이 반죽에 포크 등으로 구멍을 내주는 이유 ★★
- 제품에 기포나 수포가 생기는 것을 방지
- 충전물이 끓어 넘치지 않게 하기 위함

4 디핑 포크
- 초콜릿 제품 중 디핑 초콜릿을 만들기 위해 필요한 도구
- 삼지창 모양, 포크 모양, 달팽이 모양 등

5 머랭
- 달걀흰자를 거품 내어 만드는 제품
- 공예 과자나 아이싱 크림으로 이용

6 사용할 물 온도 계산 공식

> - 사용할 물 온도
>   = (희망 반죽 온도×6)−(밀가루 온도+실내온도+설탕 온도+쇼트닝 온도+달걀 온도+마찰계수)
>   → (23×6)−(25+25+25+20+20+20)
>   = 138−135 = 3

7 파이롤러
- 파이 또는 페이스트리 반죽을 일정한 두께로 밀어펼 때 사용하는 기계
- 파이 반죽 시 휴지와 성형을 위해 냉장 또는 냉동 처리해야 함
- 냉장고나 냉동고 옆에 두는 것이 좋음

8 일반적인 과자반죽의 온도
22~24℃

9 반죽의 비중이 높은 제품
공기 혼입량 적음, 기공 조밀, 조직이 무거움, 부피가 작음

10 가루재료를 체질하여 사용하는 이유
- 불순물이나 덩어리 제거
- 공기 혼입으로 흡수율 증가
- 재료의 고른 분산
  → 표피색 개선 : 배합율, 발효, 굽기 등

11 수소이온농도(pH)
순수한 물인 증류수를 기준으로 산성과 알칼리성을 나누며, 중성인 증류수의 pH는 7임

12 파운드 케이크의 윗면이 터지는 이유 ★★
- 반죽 내 수분이 불충분한 경우
- 미용해 설탕입자가 많은 경우
- 오븐에 넣기 전 반죽에 껍질형성이 된 경우
- 높은 오븐 온도

13 퍼프 페이스트리 ★★
반죽의 냉장휴지가 완료되었을 때 손으로 살짝 누르면 손으로 누른 자국이 남음

14 발한현상에 대한 대처 ★★
- 설탕 사용량 늘림
- 충분히 식힌 후 아이싱
- 튀김시간 늘림
- 설탕 점착력이 높은 스테아린을 첨가한 튀김기름 사용
- 도넛의 수분 함량 : 21~25%
  → 도넛 글레이즈는 일반적으로 젤라틴, 젤리, 시럽, 퐁당, 초콜릿 등으로 만들기 때문에 유화제를 사용하지 않음

15 고온으로 튀긴 제품
겉은 타도 속은 익지 않아 내부에 수분이 많이 남게 되어 발한현상이 나타나게 됨

16 찜기의 내부 온도
찜기는 수증기로 제품을 익히는 기계로 가압하지 않은 찜기의 내부 온도는 100℃를 넘지 않음

17 아이싱

단순 아이싱		분당, 물, 물엿, 향료를 섞고 43℃로 데워 되직한 페이스트 상태로 만드는 것
크림 아이싱	퍼지 아이싱	설탕, 버터, 초콜릿, 우유를 넣고 크림화시켜 만드는 것
	퐁당 아이싱	설탕시럽을 기포하며 만드는 것
	마시멜로 아이싱	흰자에 뜨거운 설탕시럽을 넣어 거품을 올려 만든 것

콤비네이션 아이싱	단순 아이싱과 크림 아이싱을 섞어서 만든 조합형 아이싱
초콜릿 아이싱	초콜릿을 녹여 물과 분당을 섞은 것
로얄 아이싱	흰자나 머랭 가루를 분당과 섞어 만든 순백색의 아이싱

18 고율배합의 특징
- 설탕의 사용량이 밀가루의 사용량보다 많고, 전체 액체가 설탕량보다 많은 배합
- 제품에 수분이 많이 남아 과자의 신선도를 높이고 부드러움을 지속시킴
- 반죽하는 동안 공기 혼입이 많아 반죽의 비중 낮음
- 화학적 팽창제를 적게 사용

19 블렌딩법
먼저 유지와 밀가루를 믹싱하여 밀가루가 유지에 의해 피복되도록 한 후 건조재료와 액체재료를 넣어 덩어리가 생기지 않도록 혼합하는 방법

20 화이트 레이어 케이크 ★★
달걀의 흰자만 사용하여 내부의 속 색이 흰색을 띠는 케이크

21 샐러드유 ★★
버터, 마가린, 쇼트닝과 달리 가소성(상온에서 고체 모양을 유지하려는 성질)을 가지고 있지 않음

22 달걀의 고형질
전란의 수분 함량이 75%
→ 100%-75%=25%

23 가나슈
초콜릿 크림의 하나로 끓인 생크림에 초콜릿을 섞어 만들며 기본 배합은 1:1이지만 6:4 정도의 부드러운 가나슈도 많이 사용

24 쇼트닝
- 동물성 유지에 수소를 첨가하여 경화유로 제조
- 쇼트닝성과 공기포집 능력을 가짐
- 쇼트닝의 융점은 28℃로 버터(21℃)보다 높음

25 아이싱이 끈적거리거나 포장지에 붙는 경향을 감소시키는 방법 ★★
- 젤라틴, 식물성 검 등 안정제 사용
- 전분, 밀가루 같은 흡수제 사용
- 굳은 아이싱은 데워서 사용하거나 데우는 정도로 안 되면 설탕시럽 첨가
- 35~43℃로 중탕하여 사용
- 아이싱에 최소의 액체를 사용

26 베이킹파우더(화학팽창제)를 많이 사용한 제품
- 밀도가 낮고 부피가 큼
- 속결이 거침
- 속 색 어두움
- 오븐 스프링이 커서 찌그러들기 쉬움

27 기본 계산
> - 일반적으로 초콜릿은 코코아 62.5%, 카카오버터 37.5% 함유
> → 56%×62.5% = 35%

28 유화제의 목적 ★★
- 물과 기름을 잘 혼합되도록 함
- 반죽의 기계적 내성을 향상시켜 반죽의 찢어짐 방지
- 빵이나 케이크의 노화 지연
- 빵이나 케이크의 조직을 부드럽게 하고, 부피 증가시킴

29 안정제의 기능
제품의 수분흡수율을 증가시켜 노화와 건조를 지연시킴

30 밀가루의 분류

제품 유형	단백질 함량(%)	용도	제분한 밀의 종류
강력분	11~13	제빵용	경질춘맥, 초자질
중력분	9~10	우동, 면류	연질동맥, 중자질
박력분	7~9	제과용	연질동맥, 분상질
듀럼분	11~12	스파게티, 마카로니	듀럼분, 초자질

31 기본 계산
> - 농도(%)
> $$= \frac{용질}{(용매+용질)} \times 100$$
> $$\rightarrow \frac{25}{(100+25)} \times 100 = 20\%$$

32 계피
열대성 상록수의 나무껍질로 만듦

33 씨엠씨(CMC)
식물의 뿌리에 있는 셀룰로오스에서 추출한 안정제로 찬물에 잘 녹으나 산에는 약한 성질이 있음

34 유지의 기능

쇼트닝성	연화 기능	밀가루의 글루텐 형성 방해, 빵에는 부드러움을 주고, 과자류에는 바삭거리는 식감을 줌
	윤활 기능	믹싱 중 얇은 막 형성, 전분과 단백질이 단단해지는 것을 방지, 구워진 제품이 점착되는 것 방지
	팽창 기능	믹싱 중 공기 포집, 굽기 과정을 통해 팽창하면서 적정한 부피와 조직을 만듦
	유화 기능	유지가 수분을 흡수하여 보유하는 능력, 유지와 액체재료를 분리되지 않고 잘 섞이도록 함
크림성		믹싱 중 공기를 포집하여 크림이 되는 것, 반죽이 부드러움, 부피 커짐, 크림성이 중요한 제품은 파운드 케이크와 레이어 케이크 등
안정성		지방의 산화와 산패를 억제하는 성질, 유지가 많이 들어가는 건과자와 튀김 제품 등
가소성		상온에서 고체형태를 유지하는 성질, 빵 반죽의 신장성을 좋게 함, 질 밀어펴지게 해줌, 가소성을 이용한 제품은 파이류, 페이스트리류 등

→ 쇼트닝가는 빵이나 과자제품의 부드러운 정도를 측정하는 단위로 크래커는 바삭거리는 식감이 중요하기 때문에 쇼트닝가가 높아야 함

35 밀알의 구조
배아 2~3%, 배유 83%, 껍질 14% 정도

36 효소의 주성분
단백질

37 대두에 존재하는 소당류 ★★
소화가 잘 안 되며 장내 가스발생인자로 알려
진 대두에 존재하는 소당류 : 라피노오스, 스타
키오스

38 필수아미노산
- 체내에서 합성되지 않아 반드시 음식으로 섭
  취해야 하는 아미노산
- 이소루신, 루신, 리신, 발린, 메티오닌, 트레
  오닌, 페닐알라닌, 트립토판
  → 글루타민 : 비필수아미노산, 근육 내 유리
  아미노산의 약 60%를 차지하고 있는 성분

39 아밀로펙틴
- 요오드 반응 : 적자색
- 아밀로오스에 비해 분자량이 큼

40 제과에서 쇼트닝의 기본적인 기능
윤활기능, 팽창기능, 유화기능, 연화기능

41 철분(Fe)
헤모글로빈을 구성하는 체내 기능 물질로 성장
기 어린이나 빈혈환자, 임산부 등 생리적 요구
가 높을 때 흡수율이 높아지는 영양소

42 식품의약품안전처장
식품 또는 식품첨가물의 기준과 규격, 기구 및
용기·포장의 기준과 규격, 식품 등의 표시기준
에 대한 공전을 작성하여 보급해야 함

43 작업장의 방충, 방서용 금속망 그물
방충, 방서용 금속망은 30메시(mesh)가 적당

44 단백질
체조직과 혈액 단백질, 효소, 호르몬, 항체 등
구성

45 기본 계산
- 탄수화물, 단백질 1g당 4kcal
- 지방 1g당 9kcal
- 100g 기준 과자 1개의 총 열량
  → (70g×4kcal)+(5g×4kcal)+(15g×
  9kcal)=435kcal
- 50g 기준 과자 1개의 총 열량
  → 435kcal÷2=217.5kcal
- 50g 기준 과자 10개의 총 열량
  → 217.5kcal×10=2,175kcal

46 탄수화물의 주요 기능
- 에너지 공급원
- 단백질의 절약작용
- 지방 대사에 관여
- 장 운동에 관여
- 기호성의 증진
- 혈당의 유지

47 세계보건기구(WHO) ★★
트랜스 지방 섭취량을 1일 섭취 열량의 1% 이
하로 제한

48 비타민 B$_3$(나이아신) 결핍증
피부병, 식욕부진, 설사, 우울증 등의 증세를 나
타내는 펠라그라증 유발

49 비타민의 기능
- 체내에 극히 미량 함유
- 3대 영양소의 대사에 조효소 역할
- 결핍 시 영양 장애
- 체내 합성 안 됨
- 신체기능 조절

50 엽산(folic acid)
- 비타민 B의 복합체
- 헤모글로빈의 합성과 적혈구를 비롯한 세포
  의 생성 도움
  → 지질대사에는 관여하지 않음

51 유화제
글리세린지방산에스테르, 레시틴, 소르브산지
방산에스테르 등

52 팽창제
- 반죽을 부풀게 하고 부드러운 조직 부여
- 베이킹파우더, 중조(탄산수소나트륨), 암모늄염
  - → 안식향산 : 간장과 청량음료에 사용되는 보존료

53 파리가 매개하는 질병
장티푸스, 파라티푸스, 콜레라, 이질 등
→ 진균독증 : 곰팡이로 인한 식중독

54 세균의 생육에 필요한 수분 활성 : 0.95
세균(0.95) 〉 효모(0.88) 〉 곰팡이(0.80)

55 살모넬라균
- 통조림을 제외한 어패류, 육가공류, 육류 등 거의 모든 식품
- 쥐, 파리, 바퀴에 의해 발생
- 증상 : 24시간 이내 발병하며 급성 위장염
- 예방 : 62~65℃에서 30분간, 70℃에서 3분간 가열하면 예방

56 질소(N) ★★
- 생산에 따라 높은 순도를 나타내는 불활성 가스
- 식품의 산화를 방지, 호기성 미생물의 성장 억제

57 탈아미노 반응 ★★
- 체내의 아미노산에서 아미노기가 빠지는 반응
- 아미노산은 유기산으로 변화하고 암모니아 생성

혐기성 반응	산소를 싫어하여 공기 속에서 잘 자라지 아니하는 반응
아민형성 반응	암모니아의 수소원자를 알칼리 따위의 탄화수소기로 치환하여 유기화합물을 만드는 반응
탈탄산 반응	유기산의 카르복실기로부터 이산화탄소를 유리시키는 생체반응

58 식중독

세균성	감염형	살모넬라균, 장염 비브리오균, 병원성 대장균
	독소형	포도상구균, 보툴리누스균, 웰치균
자연성	식물성	솔라닌, 고시폴, 아미그달린, 플라톡신, 시큐톡신, 브렌큰편 톡신, 무스카린, 두린
	동물성	테트로도톡신(복어독), 베네루핀, 삭시톡신
화학성		유해첨가물, 중금속

59 HACCP의 7원칙
- 모든 잠재적 위해요소분석
- 중요관리점(CCP) 결정
- 중요관리점의 한계기준 설정
- 중요관리점별 모니터링 체계 확립
- 개선조치 방법 수립
- 검증 절차 및 방법 수립
- 문서화 및 기록유지방법 설정
  - → HACCP 팀 구성 : 준비단계의 첫 번째 절차

60 파상열
- 브루셀라병이라고도 함
- 병원소 : 소, 돼지, 산양, 개, 닭 등

문제 본문 133p

정답

1	③	2	③	3	④	4	③	5	③	6	④	7	①	8	④	9	②	10	①
11	③	12	①	13	③	14	②	15	③	16	③	17	②	18	③	19	②	20	①
21	④	22	④	23	④	24	③	25	①	26	③	27	②	28	③	29	④	30	④
31	②	32	①	33	④	34	①	35	③	36	③	37	④	38	①	39	①	40	④
41	④	42	②	43	④	44	③	45	①	46	①	47	②	48	③	49	③	50	③
51	②	52	③	53	③	54	③	55	②	56	③	57	②	58	③	59	④	60	①

해설

별표한 해설을 통해 핵심이론에 없는 개념을 더 알아보세요!

1 기본 계산

$$2{,}050\text{cm}^3 : 400\text{g} = 2{,}870\text{cm}^3 : x$$
$$2{,}050x = 400 \times 2{,}870$$
$$= \frac{400 \times 2{,}870}{2{,}050} = 560\text{g}$$

2 반죽 무게 계산 공식

• 반죽 무게 $= \dfrac{\text{틀 부피}}{\text{비용적}}$

3 주석산 크림
• 흰자의 구조를 강하게 함
• 흰자의 알칼리성을 중화함
• 속색을 하얗게, 껍질색을 밝게 함

4 설탕의 역할 ★★
• 광택제 효과
• 맛의 개선
• 보존기간 개선
　→ 파운드 케이크의 노른자 물은 노른자 100에 설탕 30의 비율로 만듦

5 쿠키의 퍼짐이 작은 이유 ★★
• 반죽이 될 경우
• 유지가 적고 산성 반죽의 경우
• 지나친 믹싱으로 글루텐이 많아진 경우
• 설탕을 적게 사용하거나 설탕입자가 적은 경우
• 굽기 온도가 높은 경우

6 제조법에 따른 쿠키의 분류
• 밀어펴서 정형하는 쿠키
• 짜는 형태의 쿠키
• 냉동 쿠키
• 손작업 쿠키
• 판에 등사하는 쿠키
• 마카롱 쿠키
　→ 발효 후 가스빼기는 제빵의 제조 공정 중 하나

7 슈
굽기 중 팽창이 매우 크므로 다른 제과류보다 팬닝 시 충분한 간격을 유지하여야 함

8 유지를 사용하지 않는 제품 ★★
엔젤 푸드 케이크를 비롯한 거품형 반죽으로 만드는 제품은 일반적으로 유지를 넣지 않으나 변형 스펀지 케이크는 유지를 사용함

9 증량률(over run) 계산 공식 ★★

• 오버런(%)
$$= \frac{\text{휘핑 후 부피} - \text{휘핑 전 부피}}{\text{휘핑 전 부피}} \times 100$$
$$\rightarrow \frac{2{,}000 - 1{,}000}{1{,}000} \times 100$$
$$= 100\%$$

10 수소이온농도
- 수소이온농도는 pH 1~14까지의 범위
- pH 7(순수한 물)을 기준으로 수치가 낮으면 산성, 높으면 알칼리성

11 스펀지 케이크의 기본배합
박력분 100%, 설탕 166%, 달걀 166%, 소금 2%

12 찌기
수증기의 열이 대류현상으로 전달되는 현상을 이용하여 조리하는 방법

13 케이크의 비중

파운드 케이크	0.7±0.05
레이어 케이크	0.8±0.05
시폰 및 롤 케이크	0.45±0.05
스펀지 케이크	0.5±0.05

14 팬닝
- 파운드 케이크 : 틀 높이의 70%
- 스펀지 케이크 : 틀 높이의 50~60%
- 엔젤 푸드 케이크 : 틀 높이의 60~70%
  → 제품의 비용적에 따라 부풀기가 달라지므로 반죽의 팬닝비도 달라져야 함

15 팽창법 ★★
파이나 퍼프 페이스트리는 충전용 유지에 의하여 팽창하는 물리적 방법을 사용

16 생산 가치율 계산 공식 ★★

$$\text{생산 가치율(\%)} = \frac{\text{생산가치}}{\text{생산금액}} \times 100$$
$$\rightarrow \frac{300,000,000}{1,000,000,000} \times 100$$
$$= 30\%$$

17 pH
- pH를 1 상승시키기 위해서는 10배의 증류수로 희석해야 함
- 100배는 10^2으로 pH가 2 상승하여 pH 7이 됨

18 온제 머랭
- 꽃을 짜거나 조형물을 만들 때 사용
- 흰자 100에 설탕 200의 비율로 제조

19 오버베이킹
- 윗면이 평평하게 됨
- 수분의 손실이 커서 노화가 빨리 진행

20 변패의 원인 ★★
적절하게 냉각하지 않은 제품의 포장으로 인한 흡수 현상이 케이크 변패의 가장 중요한 원인

21 베이킹파우더
과량의 산은 반죽의 pH를 낮게, 과량의 증조는 pH를 높게 만듦

22 친수성-친유성 균형(HLB) ★★
HLB의 수치가 9 이하이면 친유성으로 기름에 용해되고, 11 이상이면 친수성으로 물에 용해됨

23 무스 ★★
- 프랑스어로 거품이란 뜻
- 커스터드 또는 초콜릿, 과일 퓨레에 생크림, 머랭, 젤라틴 등을 넣어 굳혀 만든 제품

24 지방
3분자의 지방산과 1분자의 글리세린(글리세롤)이 에스테르결합

25 우유
수분 88% + 고형질 12%

26 과실의 익어감 ★★
펙틴은 과실의 껍질을 단단하고 윤기나게 만들다가 과실이 익어감에 따라 프로토펙틴이 가수분해되면서 수용성 펙틴을 만들어 과실을 말랑말랑하게 만듦

27 오렌지 성분 혼성주
- 그랑 마르니에
- 쿠앵트로
- 큐라소
  → 마리스키노 : 체리를 원료로 한 리큐르

28 환원당 ★★

- 포도당, 과당, 맥아당
- 수산화암모늄에 있는 질산은을 금속의 은(銀)으로 환원시킴
- 펠링 용액의 제2동염을 제1동(銅)으로 환원시키는 능력이 있음

29 코코아 ★★

천연 코코아는 산성을 나타내고 더취 코코아의 경우 중성을 나타냄

30 젤리 형성의 3요소 ★★

- 당분 60~65%
- 펙틴 1.0~1.5%
- pH 3.2의 산성

31 안정제의 사용 목적

- 흡수제로 노화를 지연
- 아이싱이 부서지는 현상 방지
- 크림 토핑의 거품 안정

32 카제인

우유의 단백질인 카제인은 산과 레닌에 의해 응고됨

33 감미도(자당의 감미도 100을 기준)

과당(175) 〉 전화당(130) 〉 자당(100) 〉 포도당(75) 〉 맥아당(32) = 갈락토오스(32) 〉 유당(10)

34 검류 ★★

- 식물이나 종자에서 추출한 다당류
- 구아검, 로커스트 빈 검, 카라야 검, 아라비아 검, 크산틴 검, 한천, 펙틴, 알긴산 등

35 화이트 초콜릿

- 비터 초콜릿에서 코코아를 뺀 것
- 카카오버터의 함량 : 20% 이상

36 합성감미료

일반적으로 설탕보다 감미 강도가 높음

37 아크릴아마이드 ★★

탄수화물 함량이 높은 감자튀김을 튀길 때 많이 생성되는 발암성 물질

38 분해효소

- 인버타아제 : 설탕을 포도당과 과당으로 분해
- 찌마아제 : 포도당과 과당을 이산화탄소와 에틸알코올로 분해
- 말타아제 : 맥아당을 포도당과 포도당으로 분해
- 알파 아밀라아제 : 전분을 덱스트린으로 분해

39 식물성 고체유

- 식물성 액체유에 니켈을 촉매로 수소를 첨가시켜 만듦
- 종류 : 쇼트닝, 마가린 등

40 영구적 경수 ★★

물에 녹아 있는 칼슘염이나 마그네슘염이 가열에 의해 침전하지 않고 물속에 남아 물의 경도에 영향을 주는 물

41 유당불내증 ★★

유당을 분해하는 분해효소인 락타아제가 없거나 부족하여 유당을 잘 소화시키지 못하고 설사, 복부경련, 구토, 메스꺼움 등의 증세를 나타내는 질환
→ 락타아제 : 포도당과 갈락토오스로 이루어진 이당류

42 단백질 배설 ★★

체내에서 사용된 단백질은 요소와 요산으로 분해되어 소변을 통해 배출됨

43 콜레스테롤

뇌, 신경조직, 혈액 등에 들어있는 동물성 스테롤로 다량 섭취 시 동맥경화의 원인이 됨

44 에틸알코올

소독제로 쓰이며 70%의 용액이 침투력이 강하여 살균력이 좋음

45 필수지방산의 특징

- 세포막의 구조적 성분
- 혈청 콜레스테롤을 감소시킴
- 뇌, 신경조직, 시각기능을 유지시킴

46 카로틴

비타민 A의 전구물질로 체내에서 비타민 A로 변환함

47 제인 ★★

- 옥수수에 많이 들어있는 단백질
- 필수아미노산인 라이신과 트립토판 부족
  → 제인에 라이신과 트립토판을 첨가하면 완전단백질을 만들 수 있음

48 알코올성 향료(수용성 향료) ★★

알코올성 향료는 휘발성이 높고 내열성이 약하여 굽기용으로 사용하기보다는 아이싱이나 장식물, 충전물 제조에 사용함

49 비타민 결핍증

- 비타민 A : 야맹증, 각막건조증, 결막염
- 비타민 B_1 : 각기병, 식욕 감퇴, 위장 작용 저하
- 비타민 B_2 : 구순구각염, 설염
- 비타민 B_{12} : 악성 빈혈

50 로다민 B

과자나 붉은 생강, 어묵 등에 부정적으로 사용되는 분홍색 색소

51 식중독 예방

식중독균의 살균을 위하여 가열처리함

52 곰팡이독

- 아플라톡신 : 버섯 곰팡이
- 시트리닌 : 쌀 곰팡이
- 파툴린 : 상한 과일이 품고 있는 곰팡이
  → 삭시톡신 : 섭조개, 대합 등에 들어있는 동물성 자연독

53 보존료의 조건

- 변패를 일으키는 각종 미생물의 증식을 억제할 것
- 독성이 없거나 매우 적어 인체에 해가 없을 것
- 무미, 무취하고 자극성이 없을 것
- 공기, 광선, 열에 안정할 것
- 사용이 간편하고 저렴할 것
- 식품의 성분과 반응하거나 성분을 변화시키지 않을 것
- 장기간 효력을 나타낼 것

54 합성보존료

- 데히드로초산
- 소르빈산
- 프로피온산나트륨
- → 차아염소산나트륨 : 살균제

55 결핵 ★★

오염된 우유나 유제품을 통하여 사람에게 감염되는 인수공통감염병

56 건강진단 주기

식품 또는 식품 첨가물을 채취, 제조, 가공, 조리, 저장, 운반 또는 판매하는 직접 종사자들은 1년 1회의 정기건강진단을 받아야 함

57 저온살균법

61~65℃에서 30분간 가열하는 방법

58 기생충과 중간숙주

기생충	제1 중간숙주	제2 중간숙주
폐흡충(폐디스토마)	다슬기	가재, 게
간흡충(간디스토마)	왜우렁이	붕어, 잉어
요꼬가와흡충	다슬기	담수어, 은어, 잉어
광절열두조충(긴촌충)	물벼룩	연어, 송어

59 식품첨가물의 구비 조건

- 인체에 무해하고 체내에 축적되지 않을 것
- 소량으로도 효과가 클 것
- 식품에 나쁜 변화를 주지 않고 영양가를 유지할 것

60 식품접객업

휴게음식점, 일반음식점, 단란주점, 유흥주점, 위탁급식점, 제과점
→ 식품소분업 : 영업의 종류에서 식품 소분·판매업

정답

문제 본문 143p

1	①	2	③	3	①	4	④	5	③	6	①	7	④	8	②	9	②	10	②
11	①	12	④	13	②	14	④	15	③	16	②	17	①	18	③	19	③	20	③
21	①	22	①	23	①	24	④	25	④	26	②	27	④	28	④	29	③	30	④
31	④	32	④	33	②	34	①	35	③	36	①	37	④	38	③	39	③	40	①
41	②	42	③	43	③	44	②	45	①	46	③	47	③	48	②	49	③	50	②
51	③	52	②	53	③	54	③	55	④	56	③	57	④	58	④	59	④	60	④

해설

별표한 해설을 통해 핵심이론에 없는 개념을 더 알아보세요!

1 마지팬 ★★
- 아몬드와 설탕을 갈아서 만든 페이스트
- 맛과 보존성이 좋음
- 섬세한 모양을 만들 수 있어 여러 가지 용도로 사용됨
- 배합표 ① 아몬드 100% : 설탕 50%
- 배합표 ② 아몬드 100% : 설탕 100%
- 배합표 ③ 아몬드 100% : 설탕 200%

2 포장지의 특성
- 방수성이 있고 통기성이 없어야 함
- 포장재의 가소제나 안정제 등의 유해물질이 용출되어서는 안 됨
- 포장 시 제품의 가치를 높일 수 있어야 함
- 단가가 낮고 포장에 의해 제품이 변형되지 않아야 함
- 세균, 곰팡이가 발생하는 오염포장이 되어서는 안 됨
- 공기의 자외선 투과율, 내약품성, 내산성, 내열성, 투명성, 신축성 등 고려
  → 쿠키 포장지는 통기성(공기가 통하는 성질)이 없어야 함

3 커스터드 푸딩 ★★
160~170℃에서 중탕으로 굽는 것이 좋음
→ 고온에서 굽게 되면 표면에 기포가 생김

4 템퍼링
- 초콜릿의 종류에 따라 템퍼링의 온도는 다름
- 이론적으로 다크 초콜릿의 경우, 템퍼링을 위해 처음 녹이는 온도는 40~50℃가 적당

5 반죽의 pH가 낮아야 좋은 제품 ★★
엔젤 푸드 케이크는 속색을 하얗게 만들어야 하므로 반죽의 pH를 낮춰 당의 캐러멜화 반응 온도를 높임

6 마블 파운드 케이크
코코아 분말이나 초콜릿을 이용하여 케이크 속에 마블 모양이 나게 만듦

7 롤 케이크 조치
밀가루 사용량을 증가시켜서 구조력을 증가시켜야 충전물 또는 젤리가 롤 케이크에 축축하게 스며드는 것을 막을 수 있음

8 쇼트브레드 쿠키
바삭바삭한 맛을 내기 위해 유지를 많이 사용하므로 냉장휴지 후 성형함

9 기본 계산

500개÷5명×5분(한 작업자가 작업하는 시간)÷60분

≒ 8.3333=8시간 20분(0.3333×60 ≒ 19.998)

10 퐁당 만들기
- 시럽을 114~118℃로 끓이기
- 굳으면 일반 시럽(설탕:물=2:1)을 소량 넣기
- 물엿, 전화당, 시럽 사용(부드럽게 만듦)
- 40℃ 전후로 식혀서 휘젓기

11 오버베이킹
- 낮은 온도에서 장시간 굽는 방법
- 윗면이 평평하고 제품이 부드러움
- 수분의 손실이 커서 노화 빠름

12 반죽형 케이크가 단단하고 질길 때 원인 ★★
- 유지의 사용량이 적은 경우
- 달걀 사용량이 과다한 경우
- 굽는 온도가 높거나 시간이 긴 경우
- 밀가루의 사용량이 많거나 단백질의 함량이 높은 밀가루를 사용했을 경우
  → 팽창제는 제품의 식감을 부드럽게 하고 유연하게 함

13 블렌딩법
유지는 21℃ 정도의 품온을 갖는 것을 사용하여 배합

→ 달걀과 설탕을 43℃로 중탕하는 방법 : 공립법 중 더운 믹싱법

→ 일반적인 반죽 속도 : 저속-중속-고속-중·저속

14 파운드 케이크 제조 시 이중팬을 사용하는 이유
- 제품의 바닥과 옆면에 두꺼운 껍질 형성과 지나친 착색 방지
- 제품의 조직과 맛을 좋게 함

15 팬닝 시 주의사항 ★★
- 팬에 반죽량이 많으면 윗면이 터지거나 흘러 넘침
- 팬에 반죽량이 적으면 모양 형성이 잘 안됨
- 종이 깔개 사용
- 철판에 넣은 반죽은 두께가 일정하게 되도록 펴줌
- 팬기름은 0.1~0.2% 정도 바르는 것이 적당

16 조절 유화제 계산 공식 ★★

- 초콜릿을 구성하고 있는 카카오버터는 유화 쇼트닝의 역할을 하므로 원래 유화 쇼트닝 버터 양의 1/2만큼 감소시켜야 한다.
- 카카오버터
  = 초콜릿×37.5%
  → 32%×37.5% =12
- 조절 유화제
  = 원래 유화 쇼트닝−(카카오버터×$\frac{1}{2}$)
  → 60−(12×$\frac{1}{2}$) = 54%

17 물의 온도
여름철에 파이 껍질을 제조할 때 물의 온도는 4℃ 정도가 적당

→ 너무 높은 온도의 실온에서 파이 반죽을 제조하면 유지가 녹아 반죽이 질어짐

18 제품별 팬닝비
- 파운드 케이크 : 팬 높이의 70%
- 스펀지 케이크 : 팬 높이의 50~60%
- 초콜릿 케이크 : 팬 높이의 55~60%
- 커스터드 푸딩 : 팬 높이의 95%

19 퍼프 페이스트리의 팽창
유지에 함유된 수분이 수증기로 변하여 증기압으로 팽창

20 믹싱의 효과
- 원료의 균일한 분산
- 반죽의 글루텐 형성
- 반죽에 공기 혼입
  → 이물질 제거를 위해서 밀가루를 비롯한 가루재료는 체질하여 사용

21 넛메그
넛메그 나무의 열매로 열매의 종자에서 넛메그를 얻고 종자를 싸고 있는 껍질에서 메이스를 얻음

22 초콜릿 보관온도 및 습도

온도는 18℃, 습도는 50% 이하

→ 이 온도와 습도의 저장소에서 7~10일간 보관시키면 조직이 안정되어 블룸현상을 줄일 수 있음

23 천연 향료 ★★

- 천연의 재료에서 추출하여 정제, 농축, 분리 과정을 거쳐 얻는 향료
- 꿀, 당밀, 코코아, 초콜릿, 바닐라 등

24 팽창제

탄산가스를 발생시켜 반죽을 부풀게 하여 제품에 부드러운 조직을 부여해주는 역할

25 시유의 탄수화물 ★★

시유에 포함되어 있는 당질 중 99.8%가 유당임

26 우유 단백질

약 80%는 카제인 + 20%의 대부분은 락토알부민과 락토글로불린

27 신선한 달걀

- 6~10% 식염수에서 가라앉음
- 흔들었을 때 소리가 나지 않음
- 난황계수가 0.4 정도이며 신선도가 떨어질수록 수치가 낮아짐

28 자유수

- 분자와의 결합이 약해서 쉽게 이동 가능한 물
- 식품 중에 존재
- 용매 작용
- 0℃ 이하에서 동결
- 100℃에서 증발

29 초콜릿 구성

카카오버터 3/8 + 코코아 5/8

30 오레가노

꿀풀과의 식물로 잎을 건조하여 만드는 향신료

31 맥미카엘 점도계 ★★

케이크, 쿠키, 파이, 페이스트리용 밀가루의 제과 적성 및 점성을 측정하는 기구

32 맥아당

2분자의 포도당으로 이루어진 환원당 이당류

33 달걀

- 껍질 10%, 노른자 30%, 흰자 60%
- 전란(껍질을 제외한 흰자와 노른자) : 수분 75%, 고형질 25%

34 이눌린

과당이 결합된 단순 다당류

35 향신료를 사용하는 목적

식품의 풍미를 향상시켜 식욕 증진

→ 강한 향이나 매운맛이 나는 향신료는 적정량을 사용하여야 함

36 세레브로시드(cerebroside) ★★

뇌와 신경조직에 다량 함유된 당지질로서 세포막을 구성함

37 감미도의 순서

과당(175) 〉 전화당(130) 〉 설탕(100) 〉 포도당(75) 〉 맥아당(32) = 갈락토오스(32) 〉 유당(10)

38 콜레스테롤

- 유도지질
- 담즙이나 성호르몬의 생합성에 필요
- 자외선을 받아 비타민 D_3 생성
- 다량 섭취 시 동맥경화를 일으킴

39 곡물의 전분입자 ★★

쌀 전분의 입자가 가장 작음

40 글리세린

- 지방산과 함께 지방을 구성
- 흡습성, 안전성, 용매, 유화제 작용
- 무색, 무취의 감미를 가진 액체
- 감미도는 자당의 1/3 정도

41 전분

- 알파 아밀라아제에 의하여 가용성의 덱스트린으로 분해
- 처음 생성되는 것 : 아밀로덱스트린
- 마지막으로 생성되는 것 : 말토덱스트린

42 포도당 신생 작용 ★★
- 체내의 부족한 포도당을 생합성하는 세포 내의 대사작용
- 주요 기질 : 피루브산, 젖산, 글리세롤, 과당 등

43 비타민 D
- 칼슘과 인의 흡수를 도움
- 골격형성에 도움
- 산과 알칼리 및 열에 비교적 안정

44 chitin(키틴) ★★
- 게나 새우와 같은 갑각류의 외피 등에 존재
- 단백질과 복합체를 이룬 복합다당류
- N-아세틸글루코사민이 글루코사이드 결합을 하고 있음

45 레시틴
- 글리세롤 1분자에 지방산, 인산, 콜린 등이 결합한 인지질
- 뇌신경, 대두, 난황 등에 존재

46 단백질
- 효소를 구성하는 주성분
- 열에 의하여 변성됨
- 탄소, 수소, 산소, 질소 등의 원소로 구성
- 아미노산이 펩티드결합을 하고 있음
- 섭취 시 4kcal의 열량을 냄

47 유당불내증 적합 식품 ★★
유당을 섭취하지 않거나 유당분해효소가 함유된 요구르트 같은 식품을 섭취

48 유당
포유류의 젖에 존재하는 동물성 당류

49 칼슘의 기능
- 효소활성화
- 심장박동
- 혈액응고에 필수적
- 근육 수축
- 신경흥분전도

50 젤라틴
- 동물의 껍질이나 연골 속에 있는 콜라겐에서 추출하는 동물성 단백질
- 약 30℃ 이상에서 녹아 친수 콜로이드를 형성
- 냉각되면 단단한 젤 형성
- 산 첨가 시 부드러워짐
→ 한천 : 해조류인 우뭇가사리에서 추출하는 안정제

51 독버섯 독성분 ★★
무스카린, 무스카라딘, 아마니타톡신, 뉴린, 콜린, 팔린 등

52 열량 영양소와 칼로리
- 탄수화물 : 1g당 4kcal
- 단백질 : 1g당 4kcal
- 지방 : 1g당 9kcal

53 인수공통감염병
탄저병, 파상열, 결핵, 야토병, 돈단독, Q열, 리스테리아증 등

54 반수치사량 ★★
LD_{50}은 어떤 조건하에서 실험동물의 50%가 사망하는 독성물질의 양

55 포도상구균 식중독
포도상구균은 화농성 질환의 대표적인 식품균으로 특히 황색포도상구균이 사람에게 병원성을 나타냄

56 엔테로톡신
독소형 세균성 식중독을 일으키는 원인 물질

57 장티푸스
- 세균성 경구 감염병
- 우리나라에서 가장 많이 발생되는 급성 감염병
- 잠복기가 비교적 긺(7~14일)
- 발병한 후 강한 면역력이 생김
- 예방백신과 치료제 있음

58 **유지의 산패에 영향을 미치는 요인**

온도, 수분, 지방분해효소, 광선 및 자외선, 금
속이온 등

59 **교차오염 예방**

식자재와 청소용품과 같은 비식자재는 교차하
지 않아야 미생물의 감염을 예방할 수 있음

60 **고압증기멸균법**

고압증기멸균기에 넣고 121℃에서 20분간 살
균, 아포형성 멸균에 가장 적합

제과기능사 필기 빈출 문제 ❽ 정답 및 해설

문제 본문 153p

정답

1	④	2	④	3	③	4	②	5	④	6	④	7	④	8	③	9	①	10	③
11	①	12	④	13	③	14	①	15	①	16	②	17	②	18	③	19	①	20	③
21	③	22	③	23	④	24	①	25	③	26	①	27	③	28	①	29	②	30	④
31	③	32	③	33	①	34	④	35	②	36	②	37	④	38	③	39	④	40	④
41	③	42	③	43	①	44	③	45	④	46	②	47	③	48	③	49	③	50	④
51	②	52	④	53	②	54	①	55	①	56	①	57	②	58	②	59	①	60	②

해설

별표한 해설을 통해 핵심이론에 없는 개념을 더 알아보세요!

1 화학적 팽창
- 베이킹파우더, 중조 등의 화학적 팽창제를 사용하여 팽창시키는 것
- 대부분의 반죽형 케이크가 이에 속함
  → 시폰 케이크 : 달걀을 이용한 공기 팽창과 반죽형의 화학적 팽창 방법을 같이 사용한 제품

2 반죽 무게 계산 공식

- 직육면체의 틀 부피
  = 가로×세로×높이×갯수
  → 5×12×5×100 = 30,000
- 반죽 무게
  $= \dfrac{\text{틀 부피}}{\text{비용적}}$
  $\rightarrow \dfrac{30,000}{2.40} = 12,500g = 12.5kg$

3 튀김기름의 조건
- 발연점이 높아야 함
- 산패에 안정성이 있고 저장성이 좋아야 함
- 수분이 없어야 함
- 거품이 일어나지 않고 점성의 변화가 적어야 함

4 슈
- 굽기 중 발생하는 증기압으로 팽창하는 제품
- 굽기 중에 오븐 문을 자주 열면 찬 공기가 유입되어 팽창을 방해함

5 반죽의 pH

구분	산성	알칼리성
기공	기공이 작다	기공이 크다
조직	조밀하다	거칠다
껍질색	옅은 색	진한 색
향	연한 향	강한 향
맛	신맛	쓴맛(소다맛)
부피	작다	크다

→ 케이크 반죽이 알칼리일 경우 : 글루텐을 용해시켜 부피 팽창을 유도하기 때문에 기공이 크고 거칠며, 강한 향과 진한 색이 만들어지며 부피가 커짐

6 반죽의 비중
제품의 부피, 기공, 조직에 결정적인 영향을 줌

7 제과 · 제빵의 포장재 ★★
- 폴리에틸렌(P.E)
- 오리엔티드 폴리프로필렌(O.P.P)
- 폴리프로필렌(P.P)
- 폴리스틸렌 등

8 생크림 보존 온도
0~10℃ 또는 3~7℃

9 냉과
- 냉장고에서 마무리하는 모든 과자
- 젤리, 바바루아, 무스, 푸딩 등

10 쿠키의 퍼짐성이 작은 이유 ★★
- 반죽이 되거나 믹싱이 지나친 경우
- 유지와 설탕량이 적은 경우
- 입자가 작은 설탕을 사용한 경우
- 굽는 온도가 높은 경우

11 제과 = 박력분
- 박력분을 사용해야 부드럽고 바삭한 식감을 가질 수 있음
- 쫄깃한 식감을 위해 중력분을 혼합하여 제조하기도 함

12 스파이럴 믹서
- 주로 제빵용으로 사용되는 믹서
- 글루텐 형성이 많은 유럽빵을 제조할 때 사용

13 버터 크림 ★★
설탕, 물, 물엿 등의 재료를 114~118℃로 끓여 당액을 만듦

14 스펀지 케이크
- 거품형 반죽
- 달걀 단백질의 변성에 의한 기포성, 유화성, 응고성을 이용하여 반죽을 부풀림

15 저율배합
설탕과 유지의 함량이 적어 제품이 수분을 보유하는 능력이 떨어지기 때문에 저장성 짧음

16 반죽의 온도가 정상보다 높음 ★★
기공이 열리고 큰 공기구멍이 생겨 조직이 거칠고 노화가 촉진되며 부피가 커짐

17 비중
같은 부피의 반죽 무게를 같은 부피의 물 무게로 나눈 값

18 파이 껍질이 질기고 단단한 원인 ★★
과도한 믹싱 또는 밀어펴기

19 모카 아이싱
커피를 시럽으로 만듦

20 착색제 역할 ★★
- 당류 : 캐러멜화에 의하여 착색제 역할
- 중조 : pH를 알칼리로 만들어 진한 껍질색을 얻음

21 단당류
- 선광성이 있음
- 물에 용해되어 단맛을 가짐
- 분자 내의 카르보닐기에 의하여 환원성을 가짐
  → 환원되면 알코올을 생성함

22 설탕
- 포도당과 과당의 결합으로 만들어진 이당류
- 분자식 : $C_{12}H_{22}O_{11}$

23 지방의 분해효소
- 리파아제 : 이스트, 밀가루, 장액 등에 존재
- 스테압신 : 췌장에 존재하는 리파아제
- 포스포리파아제 : 인지질을 가수분해하는 효소

24 중화가 계산 공식 ★★

> - 산염제(산성제) 100g을 중화시키는 데 필요한 중조의 양
> - 중화가
> $$= \frac{\text{중조의 양}}{\text{산성제의 양}} \times 100$$

25 옥수수 전분 ★★
80℃ 정도에서 호화가 시작됨

26 가소성 유지제품
- 고체 형태의 지방
- 상온에서 고형질이 20~30% 정도 들어있음

27 유지류에 많이 사용되는 산화방지제
BHA, BHT, 몰식자산프로필

28 물의 기능
- 반죽에서 글루텐의 형성을 도움
- 소금 등 재료를 분산시킴
- 반죽의 농도와 점도를 조절
- 효모와 효소의 활성을 제공

29 오래된 달걀
- 기실이 커져 비중이 작아짐
- 점도는 떨어짐
- 부패가 일어남
- pH는 올라감

30 베이킹파우더의 산-반응물질 ★★
- 탄산수소나트륨을 중화시키는 물질
- 가스 발생의 속도를 조절할 수 있음
- 가스 발생속도 : 주석산과 주석산염 〉 인산 과 인산염 〉 알루미늄 물질

31 대체 감미제 계산 공식 ★★
- 설탕의 감미도 : 100
- 포도당의 감미도 : 75
- 대체 감미제의 양

$$= \frac{원래\ 감미제의\ 양 \times 원래\ 감미제의\ 감미도}{대체\ 감미제의\ 감미도}$$

$$\rightarrow \frac{100 \times 100}{75} = 133.33 ≒ 130g$$

32 기본 계산
- 전란의 가식량
  = 달걀 중량×(100%-10%)
- 흰자의 양
  = 달걀 중량×60%
- 노른자의 양
  = 달걀 중량×30%
  → 60g×30%=18g
  → 500g÷18g=27.777≒28개

33 안정제
- 구아 검
- 로커스트 빈 검
- 크산틴 검
→ 가티 검 : 주로 제과에서 설탕의 결정 방지제

34 달걀의 역할
- 결합제, 유화제, 팽창제 등
- 농후화제(결합제) : 커스터드 크림에서 단백질이 열에 의해 응고되어 유동성이 줄어 형태를 지탱할 구성체를 이룸

35 밀가루 ★★
- 카로티노이드계 색소 : 카로틴, 크산토필
- 플라보노이드계 색소 : 플라본

36 베이킹파우더
탄산수소나트륨($NaHCO_3$), 산작용제, 부형제로 구성

37 탈지분유
우유에서 지방을 제거한 탈지유의 수분을 제거하여 분말로 만든 것

38 기본 계산
초콜릿에 함유된 코코아의 양은 5/8이다.
→ 32%×5/8=20%

39 파이용 크림 제조 시 농후화제로 사용되는 것
달걀, 전분, 밀가루 등

40 중조(탄산나트륨)
빵이나 과자제품을 부풀려 부피를 크게 하고 부드럽게 함

41 기본 계산
- 탄수화물 1g당 4kcal
- 단백질 1g당 4kcal
- 지방 1g당 9kcal
  → (16+18)×4+(54×9)=622kcal

42 알코올의 열량 ★★
1g당 7kcal

43 개인위생
- 모든 제과종사자는 보건증을 발급받아야 함
- 긴 머리는 머리망을 사용하여 깨끗하게 묶음
- 작업장에서는 반지 등 장신구 착용을 금지
- 종사자의 건강진단은 1년에 1회 실시

44 단백질의 주요 기능
체조직, 혈액 단백질, 호르몬, 효소, 항체 등을 구성하는 것

45 면실유
- 목화씨에서 짜내는 반건성유
- 발연점이 높아 튀김용으로 적당

46 단백질
약 20여종의 아미노산이 펩티드(펩타이드) 결합으로 이루어진 유가화합물

47 레닌
반추위 동물의 위액에 존재, 우유의 카제인을 응고시키는 응유효소

48 티아민(비타민 B₁)
- 당질 에너지 대사의 조효소 가능
- 80%는 체내에서 Thiamin Pyrophosphate (TPP)로 전환되어 존재
- 결핍증 : 각기병

49 기본 계산

> 한국인의 영양섭취기준은 총 열량 중 탄수화물 55~70%, 단백질 7~20%, 지방 15~25%이다.
> → 2,000×15%~2,000×25%
> = 300~500kcal

50 화이트 초콜릿
- 코코아 성분이 없는 초콜릿
- 코코아 고형분 : 0%

51 알레르기성 식중독 ★★
- 어육에 다량 함유된 히스타민이 원인 물질
- 꽁치, 고등어, 가다랑어 등 등푸른 생선의 섭취로 인해 발생
- 안면홍조, 발진 등의 증상

52 부패가 진행되어 생성되는 물질 ★★
아민류, 암모니아, 페놀, 황화수소, 메르캅탄 등

53 칼슘
경조직과 연조직을 구성하고, 생체기능을 조절함

54 변형공기포장 ★★
플라스틱 필름자루로 청과물을 밀봉 포장하면 호흡에 의해 산소가 소비되고 이산화탄소가 발생하여 자루 내에 CA 환경이 형성되기 때문에 간이 가스저장이라고도 불림

55 노로바이러스 ★★
- 단일나선 RNA 바이러스
- 식품이나 음료수에 쉽게 오염
- 적은 수로도 사람에게 식중독을 일으킴
- 설사, 복통, 구토 등의 급성위장염

56 식품첨가물
- 착색제 : 인공적 착색으로 관능성 향상
- 산화방지제 : 유지식품의 변질 방지
- 표백제 : 색소물질 및 발색성 물질 분해
- 소포제 : 거품 소멸 및 억제
  → 발색제 : 식품 중에 존재하는 색소 단백질과 결합하여 식품의 색을 보다 선명하게 하고 안정화시키는 첨가물

57 결핵균
사람과 소가 보유하는 병원체

58 잠복기가 가장 짧은 세균성 식중독
포도상구균 식중독(평균 3시간 정도)

59 살모넬라 식중독
쥐, 파리, 바퀴벌레 등에 의해 식품이 오염되어 발생

60 독소형 세균성 식중독
식품 안에서 세균이 증식할 때 생성하는 독소에 의하여 발생하는 식중독

제과기능사 필기 빈출 문제 ❾ 정답 및 해설

문제 본문 163p

정답

1	①	2	②	3	②	4	②	5	①	6	③	7	②	8	②	9	③	10	④
11	②	12	②	13	②	14	②	15	④	16	②	17	④	18	②	19	③	20	④
21	②	22	④	23	①	24	③	25	①	26	④	27	②	28	①	29	②	30	④
31	③	32	④	33	④	34	②	35	②	36	①	37	②	38	①	39	④	40	③
41	②	42	②	43	④	44	④	45	②	46	①	47	①	48	②	49	①	50	①
51	④	52	②	53	①	54	①	55	④	56	②	57	④	58	②	59	③	60	④

해설

별표한 해설을 통해 핵심이론에 없는 개념을 더 알아보세요!

1 반죽형 케이크
파운드 케이크, 레이어 케이크, 과일 케이크 등

2 시폰 케이크 제조 시 냉각 전에 팬에서 분리 되는 원인 ★★
• 굽기 시간이 짧은 경우
• 반죽에 수분이 많은 경우
• 오븐 온도가 낮은 경우
• 밀가루 양이 적은 경우

3 비중 계산 공식

> • 비중
> $$= \frac{\text{같은 부피의 반죽 무게}}{\text{같은 부피의 물 무게}}$$
> $$\rightarrow 0.75 = \frac{x}{1,000}$$
> $$\rightarrow x = 0.75 \times 1,000 = 750g$$

4 희망 반죽 온도가 가장 낮은 제품
퍼프 페이스트리(약 18~20℃)

5 파운드 케이크의 표피를 터지지 않게 하는 방법 ★★
• 굽기 시작 전에 증기를 분무
• 오븐의 뚜껑을 처음부터 덮어 구움

6 제품의 비용적
• 파운드 케이크 : 2.40cm³/g
• 엔젤 푸드 케이크 : 4.71cm³/g
• 스펀지 케이크 : 5.08cm³/g
• 레이어 케이크 : 2.96cm³/g

7 케이크 장식에 사용되는 분당
설탕을 분쇄하여 고운 입자로 만든 것

8 이중팬
제품 바닥과 옆면이 껍질 형성을 방지하고 조 직과 맛을 좋게 하기 위해 사용

9 퍼프 페이스트리
50%의 냉수나 얼음물을 사용하여 반죽 온도를 조절

10 슈의 제조 공정 ★★
물, 소금, 유지 넣고 끓이기 → 밀가루 넣고 호화 → 달걀 나누어 넣으며 반죽 → 베이킹파우더 혼합

11 핑거 쿠키
스펀지 쿠키의 한 종류로 성형 시 평철판에 종 이를 깔고 원형 깍지를 이용하여 일정한 간격 으로 5~6cm 정도의 길이로 짠 뒤에 윗면에 고르게 설탕을 뿌려줌

12 쿠키의 퍼짐 원인 ★★
- 반죽이 묽을 때
- 유지 함량이 많을 때
- 설탕 사용량이 많을 때
- 굽기 온도가 낮을 때
- 팽창제 사용이 많을 때

13 반죽량 계산 공식

> - 원통형 틀의 부피
>   = 반지름×반지름×3.14×높이
> - 반죽량
> $= \dfrac{\text{틀 부피}}{\text{비용적}}$
> $\rightarrow \dfrac{5 \times 5 \times 3.14 \times 4}{2.4} = 130.8g$

14 단순 아이싱
분당과 물, 물엿을 섞어 43℃로 가온하여 페이스트 형태로 만든 것

15 믹서의 구성
믹서 본체, 믹서볼, 휘퍼, 비터, 훅

16 도넛 제품에서 반죽 온도 ★★
팽창의 정도, 흡유량, 내부와 표면의 조직 등에 영향
→ 모양이 일정하지 않는 것 : 반죽의 재료가 잘 섞이지 않았거나 밀어펴기 시 두께가 고르지 못했을 경우 발생

17 반죽형 케이크의 중심부가 솟는 이유 ★★
- 유지의 사용량이 적었을 경우
- 오븐의 윗불이 높았을 경우
- 반죽이 너무 된 경우
- 달걀의 사용량이 적어 기포가 부족한 경우

18 버터 크림
유지의 크림성을 이용하여 만듦

19 도넛 설탕 아이싱
점착력이 큰 40℃ 전후에서 사용

20 비중이 무거운 반죽
비용적이 작아 부풀어 오르는 것이 적기 때문에 분할량을 크게 함

21 퐁당
설탕의 재결정성을 이용하여 만드는 제품

22 불포화지방산의 이중결합에 산소 반응 ★★
과산화물이 생성되어 산패를 촉진시킴

23 리파아제
지방의 에스테르 결합을 가수분해하여 지방산과 글리세린으로 전환시키는 효소

24 전분의 호화
전분 입자가 팽윤되어 방향 부동성이 손실되고 점도가 증가되며, 용해 현상이 증가

25 박력분
- 단백질 함량 7~9%
- 강력분에 비하여 단백질 함량이 높지 않아 점탄성 및 수분 흡착력이 약함
- 과자류제품이나 튀김옷 등에 사용됨

26 제품의 형태를 유지시켜주는 재료
밀가루, 분유, 달걀

27 불건성유 ★★
- 상온에 방치해도 건조되지 않는 유지
- 올리브유, 파마자유, 동백기름 등

28 버터 크림의 당액 제조 시 설탕에 대한 물 사용량
20~30% 정도

29 갈색화 반응 온도 ★★
- 과당 : 110℃
- 포도당, 갈락토오스 : 160℃
- 맥아당 : 180℃

30 찌기
찌기란 수증기의 열이 대류현상으로 전달되는 현상을 이용한 조리법으로 식품 자체가 가지고 있는 맛이 보존된다는 이점이 있음

31 달걀의 기능
- 달걀의 단백질이 열에 의해 응고되어 유동성이 줄고 형태를 지탱할 구성체를 이루는 농후화제 역할
- 달걀의 노른자에 함유된 레시틴은 지방의 유화력이 강해 천연 유화제로 사용되며 노화를 지연
- 믹싱 중 공기를 포집하고 케이크 제품의 부피를 크게 함
- 단백질, 지방, 무기질, 비타민을 고루 함유한 완전식품으로서 영양가를 증대

32 연수 사용 시 ★★
- 글루텐을 약화시켜 반죽이 연하고 끈적거림
- 가스보유력이 떨어짐
- 오븐스프링이 나쁨
- 가수량 감소

33 생강
- 열대성 다년초의 다육질 뿌리
- 매운맛과 특유의 방향을 지닌 향신료

34 펙틴
과실이나 채소류 등의 세포막이나 세포막 사이의 얇은 층에 존재하는 다당류로 산과 당의 존재하에서 젤을 형성하여 젤리나 잼을 만듦

35 항산화제
- 유지의 산화를 방지
- 비타민 E, 질소, 세사몰 등

36 제조원가 계산 공식 ★★

- 부가가치세를 감안한 제조원가
  → 600/1.1=546원
- 손실률을 감안한 제조원가
  → 546/1.1=496원
- 이익률을 감암한 제조원가
  → 496/1.15=431원

37 치즈
우유의 주된 단백질인 카제인이 산과 레닌에 의해 응고되는 성질을 이용하여 만든 것

38 분당이 덩어리 지는 것 방지
옥수수 전분을 3% 혼합

39 유화제
노른자의 지방은 제품을 부드럽게 하며 천연 유화제로 사용되어 제품의 노화를 지연시킴

40 전분의 노화 ★★
- 잘 일어나는 온도 : −7~10℃
- 잘 일어나지 않는 온도 : −18℃ 이하 또는 60℃ 이상

41 리놀렌산의 급원식품
들기름은 90%가 불포화지방산으로 이루어져 있으며 그 중 60%가 리놀렌산으로 이루어짐

42 자동산화
유지가 공기 중의 산소에 의해 산화가 일어나는 것

43 단순갑상선종 ★★
- 인체에 필요한 영양소 중 무기질인 요오드가 부족하면 생기는 증상
- 갑상선이 전체적으로 비대해짐

44 유지의 도움으로 흡수, 운반되는 비타민
지용성 비타민 : 비타민 A, D, E, K

45 빈혈 예방 영양소
- 철분과 비타민 B_{12}는 혈액을 생성하는 중요한 역할을 하며 부족 시 빈혈을 발생시킴
- 코발트(Co)는 비타민 B_{12}의 구성 성분

46 트립신
췌장(이자)에서 분비되는 췌액에 존재하는 단백질 분해효소

47 위
강산의 위액을 분비

48 포도당
- 두뇌와 신경세포, 적혈구의 에너지원
- 체내 당대사의 중심물질

49 복합지질
- 단순지질에 질소, 인, 당 등이 결합한 것
- 인지질, 당지질, 지단백질 등이 있음
  → 스테롤류는 지질의 가수분해에 의해 생성되는 유도지질

50 미량 무기질
철(Fe), 아연(Zn), 구리(Cu), 요오드(I), 코발트(Co), 불소(F) 등

51 작업 테이블
작업의 효율성을 높이기 위해 주방의 중앙부에 설치하는 것이 좋음

52 미생물의 번식 조건
영양소, 수분, 온도, 산소, 최적 pH

53 생석회 ★★
산화칼슘으로 물에 넣으면 발열하면서 수산화칼슘으로 변하며 분변소독에 가장 적합한 소독약

54 가스 저장(CA 저장)의 필수 요건
기체의 조절, 냉장온도 유지, 습도 유지

55 바이러스에 의한 경구 감염병
유행성간염, 전염성 설사, 천열, 소아마비, 폴리오 등
→ 성홍열 : 세균에 의한 감염병

56 냉장의 목적
- 미생물 증식 억제
- 산소 및 효소 작용 억제
- 수분 증발 억제
  → 품질이 오래 유지됨

57 진균독 식중독 ★★
곰팡이가 생산하는 2차 대사산물로 사람이나 동물에 질병이나 이상 생리작용을 유발하는 식중독

58 냉각
오븐에서 바로 꺼낸 제품을 상온에 방치하거나 냉각기를 이용하여 35~40℃ 정도의 온도가 되게 만드는 것

59 과산화수소
주로 살균제로 많이 사용되며 표백제로도 사용됨

60 제과 작업종사자의 결격 사유
- 정신질환 및 감염병 환자
- 마약이나 그 밖의 약물 중독

정답

문제 본문 173p

1	①	2	④	3	①	4	①	5	②	6	③	7	②	8	①	9	①	10	①
11	②	12	③	13	④	14	③	15	①	16	②	17	③	18	①	19	②	20	③
21	②	22	②	23	④	24	③	25	④	26	③	27	①	28	②	29	②	30	②
31	④	32	②	33	①	34	①	35	②	36	②	37	③	38	①	39	③	40	②
41	②	42	②	43	②	44	①	45	②	46	④	47	①	48	①	49	②	50	④
51	③	52	②	53	③	54	③	55	③	56	①	57	①	58	③	59	④	60	②

해설

별표한 해설을 통해 핵심이론에 없는 개념을 더 알아보세요!

1 스펀지 케이크 반죽과 제노와즈 반죽 차이점 ★★

정통 스펀지 케이크는 유지를 사용하지 않지만 제노와즈 반죽은 반죽에 유지를 녹여 넣어 만든다.

2 반죽의 비중
제품의 부피, 기공, 조직에 결정적인 영향을 줌

3 비중 계산 공식

- 비중

$$= \frac{(\text{반죽 무게}+\text{컵 무게})-\text{컵 무게}}{(\text{물 무게}+\text{컵 무게})-\text{컵 무게}}$$

$$\rightarrow \frac{90-50}{100-50} = \frac{40}{50} = 0.8$$

4 푸딩 표면의 기포 자국 ★★
푸딩은 160~170℃의 오븐에서 중탕으로 구우며 굽기 온도가 너무 높으면 표면에 기포 자국이 생김

5 젤리화
펙틴 1.0~1.5%, 당분 60~65%, pH 3.0~3.5에서 젤리가 가장 잘 형성됨

6 단백질 함량 10% 이상의 밀가루로 케이크 만들기
- 제품이 수축되면서 딱딱함
- 형태가 나쁨
- 글루텐이 많이 생겨 제품의 부피가 작아짐
- 제품이 질기며 속결이 좋지 않음

7 과자류제품 기계 설비
- 데포지터 : 크림이나 과자반죽을 자동으로 모양짜기 하는 기계
  → 라운더는 분할된 반죽을 둥글리기하는 기계로 빵류제품 기계 설비임

8 거품형 케이크
스펀지 케이크, 롤 케이크, 카스테라, 엔젤 푸드 케이크 등

9 pH가 낮은 반죽의 특징
- 작은 기공
- 조밀한 조직
- 작은 부피
- 여린 껍질색과 속색
- 약한 향과 신맛
- 산은 글루텐을 응고시켜 부피팽창을 방해하고 당의 캐러멜화를 방해하여 껍질색을 연하게 함

10 쿠키의 구조 형성 역할을 하는 재료
밀가루, 달걀

11 찜류
팽창의 효과가 빨리 일어나는 속효성이 필요함

12 흡수제
- 아이싱이 젖거나 묻어나고 끈적거리는 것을 방지
- 전분, 밀가루 등

13 퍼프 페이스트리 수축
밀어펴기 중 무리한 힘을 가하면 글루텐의 탄력성이 강해져 정형 시 수축함

14 비중이 높은 반죽
기공이 조밀하고 공기혼입량이 적으며 조직이 무겁고, 부피가 작음

15 거품형 쿠키
- 스펀지 쿠키 : 달걀 전란을 사용
- 머랭 쿠키 : 흰자만을 사용

16 저율배합
- 믹싱 중 공기 혼입량이 적고 반죽의 비중이 높으며 화학팽창제 사용량이 많음
- 고온에서 단시간(언더 베이킹)으로 구움

17 도넛 튀김기에 붓는 기름의 평균 깊이
12~15cm

18 퍼프 페이스트리 과도한 덧가루를 사용할 때의 영향 ★★
- 결을 단단하게 함
- 제품이 부서지기 쉬움
- 생밀가루 냄새가 나기 쉬움
  → 덧가루는 산패와 관련이 없음

19 증기를 분사하는 목적 ★★
- 제품의 윗면이 터지는 것을 방지
- 향과 수분 손실을 방지
- 표피의 캐러멜화 반응 연장

20 푸딩
- 달걀의 농후화 작용을 기본으로 만드는 제품
- 달걀의 사용량으로 경도 조절

21 젤라틴
동물의 껍질이나 연골 속의 콜라겐에서 추출한 동물성 단백질로써 안정제로 사용

22 베이킹파우더의 유효가스 발생기준 ★★
정상 조건하에서 베이킹파우더 무게의 12% 이상의 탄산가스를 발생시켜야 함

23 과자류제품 평가 시 내부 평가 요인
기공, 속색, 향, 맛, 조직 등
→ 부피 : 외부 평가 요인

24 유당
- 포도당과 갈락토오스가 결합한 이당류
- 환원당
- 포유동물의 젖에 많이 함유되어 있음
- 유산균에 의하여 분해되어 유산을 생성

25 글리세린
유지를 가수분해할 때 지방산과 같이 생성되는 감미를 가진 액체로 물에 잘 녹으며 비중은 물보다 큼

26 밀가루의 숙성 ★★
- 아미노산의 −SH 결합을 산화시켜 −S−S− 결합으로 바꿈
- 빵류제품 적성을 양호하게 만듦
- 산화제로 사용하면 숙성기간을 단축할 수 있음

27 유지의 크림성이 중요한 제품
크림법으로 제조하는 케이크류는 제조 시 유지의 크림성이 가장 중요함

28 글루테닌
중성 용매로 묽은 산이나 염기에 녹는 단순단백질

29 터널 오븐
정형된 반죽이 들어가는 입구와 제품이 나오는 출구가 다른 오븐으로 대량 생산 공장에서 많이 사용됨

30 제품 회전율 계산 공식 ★★

> • 제품 회전율
> $$= \frac{순매출액}{평균재고액}$$
> • 평균재고액
> $$= \frac{(기초제품+기말제품)}{2}$$

31 글리코겐 ★★
- 포도당으로 이루어진 다당류
- 간과 근육에서 합성·저장됨
- 필요 시 포도당으로 분해하여 에너지로 사용됨
- 근육에 가장 많이 저장됨

32 포화지방산
- 주로 동물성 지방에 많이 함유
- 융점이 높아 상온에서 고체 상태로 존재
- 이중결합이 없는 지방산
  → 코코넛 기름의 경우, 90%의 포화지방산을 함유하고 있음

33 레닌
우유 단백질인 카제인을 응고시키는 응유효소

34 환원당
- 환원성을 나타내는 당의 총칭
- 분자 내에 환원성이 있는 카르보닐기를 갖는 당류
- 아미노산이 존재할 때 갈변반응을 일으킴
- 모든 단당류, 맥아당, 유당
  → 비환원당 : 설탕, 전분

35 가루재료의 전처리
가루 속에 불순물이나 덩어리를 제거하고 재료들이 고르게 분산되도록 서로 섞어 체질하여 사용함

36 건조 글루텐
자기 중량의 3배에 해당하는 물을 흡수할 수 있음

37 전분의 호화 촉진
- 수분이 많을수록
- 아밀로오스 함량이 많을수록
- 전분의 입자가 클수록

38 모노–디 글리세리드
유화제로 사용되며 지방을 가수분해하여 모노 글리세리드 50%와 디글리세리드 30~40%의 혼합물을 얻음

39 오버헤드 프루퍼
둥글리기 한 반죽을 정형하기 전까지 발효하는 중간발효기로 제빵 반죽에 사용

40 분쇄공정
조쇄공정과 정선공정을 마친 밀가루를 마쇄하여 작은 입자로 만드는 공정

41 물의 기능
- 생명유지에 절대적인 기능
- 영양소와 노폐물 운반
- 피부와 폐로 수분을 증발시켜 체온조절
- 침, 땀, 소화액 등의 분비액의 주성분

42 비타민 K
혈액 응고에 관여

43 무기질
식품을 태웠을 때 남는 회분

44 단백질의 섭취 부족
단백질의 섭취가 부족하면 체중감소, 성장장애, 빈혈, 부종, 피부질환과 쉽게 피로감을 느끼게 되며 마라스무스, 콰시오커와 같은 영양실조증을 유발함
→ 단백질 과다 섭취 : 다량의 대사산물 증가로 요독증을 일으켜 신장에 부담을 줌

45 칼슘의 흡수
부갑상선호르몬과 비타민 D는 체액의 칼슘 농도를 조절하고 칼슘의 흡수를 도움

46 비타민 P
수용성 비타민으로 모세혈관의 삼투성을 조절하여 혈관 강화작용을 하는 유효성분

47 설탕
포도당과 과당이 결합한 이당류

48 식품 이용을 위한 에너지 소모량 ★★
하루에 섭취하는 총 에너지 중에서 식품 이용을 위한 에너지 소모량은 평균 10%임

49 작업환경 위생 관리 ★★
대부분의 병원미생물은 25~37℃ 내에서 잘 자라므로 수송차량, 매장 진열대, 제품을 담는 상자 등은 냉장온도로 보관함

50 말타아제
맥아당을 포도당과 포도당으로 분해

51 HACCP의 준비단계 5절차 ★★
HACCP 팀 구성, 제품 설명서 작성, 사용 용도 확인, 공정 흐름도 작성, 공정 흐름도 현장 확인

52 장염 비브리오 식중독
비브리오균은 3~4%의 염분에서도 생육이 가능한 호염성 세균으로 예방법으로는 비브리오 유행기 시 어패류의 생식 금지, 냉장보관, 가열 등이 있음

53 콜레라 ★★
수시간에서 5일 정도로 경구감염병 중 잠복기가 가장 짧음

54 식중독의 예방 원칙
• 냉장보관은 오염균의 발육과 증식을 방지하지만 장기간의 식품보관 대책이 될 수 없음
• 수분은 미생물이 증식하기 좋은 환경을 만듦
• 어패류 등 날음식은 식중독을 일으키므로 익혀 먹는 것이 좋음

55 보툴리누스 식중독
• 주요 증상 : 구토 및 설사, 호흡곤란, 시력 저하, 신경마비 등
• 식중독 중 치사율이 가장 높음

56 밀가루 개량제
밀가루의 표백과 숙성에 사용되는 첨가물

57 주석
통조림 식품에서 유래될 수 있는 식중독 원인 물질

58 사이클라메이트 ★★
설탕의 40배 정도의 감미를 가지며 발암성 문제로 사용이 금지된 감미료

59 식품첨가물에 의한 식중독
• 허용되지 않은 첨가물의 사용
• 불순한 첨가물의 사용
• 허용된 첨가물의 과다 사용
  → 독성물질을 식품에 고의로 첨가하는 것은 범죄행위임

60 독소 성분
• 엔테로톡신 : 포도상구균의 장독소
• 테트로도톡신 : 복어의 독소
• 무스카린 : 독버섯의 독소
• 솔라닌 : 감자의 싹과 녹색 부위의 독소